Les Nuances Infinies du Bonheur

*La quête de l'amour :
Tout ce que vous devez savoir sur les rencontres en ligne*

Partie 1

André Prince de Grâce

Les Nuances Infinies du Bonheur
La quête de l'amour: Tout ce que vous devez savoir sur les rencontres en ligne
Auteur : André Prince de Grâce
Couverture : Writing Avalanche
Design d'intérieur: Tânia Gomes
ISBN - 978-1727856644

Copyright © 2018 Andre Prince de Grace.

Tous droits réservés, y compris le droit de reproduction de ce livre ou des parties de celui-ci sous quelque forme que ce soit. Pour plus d'informations, veuillez nous contacter.

Remerciements

Tout d'abord, je tiens à remercier mes merveilleux lecteurs pour avoir osé s'aventurer dans le monde des rencontres en ligne. Respirez, et trouvez le courage de vous lancer dans une relation dont le but ultime est l'AMOUR. Que la lecture de cette histoire vous apporte des rires, de la joie et vous permette des futures expériences plus détendues ! Je voudrais également exprimer ma gratitude à Johanne, Anna, Fouzia, Ramez, Florence, Marie-Sylvie, Isabel, Michelle, Katy, Marquise, Jocelyne et Diana pour leur générosité sans faille, leurs idées inspirantes, leur aide extraordinaire et leur soutien incroyable dans la création de ce livre qui a pour vocation d'aider les célibataires qui tentent l'aventure des sites de rencontre. Je voudrais de plus remercier mon éditeur Jon Goodman, à Manhattan à New York, pour ses corrections, conseils et commentaires précis qui ont participé à l'amélioration de mon livre afin qu'il corresponde aux normes des publications professionnelles. Toutes les mises en page du livre ont été réalisées par Tania Gomes, du réseau de services professionnels d'édition de Fiverr.

Commentaires des lecteurs

Avant de publier mon histoire, j'ai écouté les commentaires de lecteurs choisis au hasard sur le site de rencontre Plenty of Fish (POF), ainsi que ceux de certaines de mes connaissances, afin de m'assurer que la façon dont je présentais les événements était respectueuse envers toutes les femmes, car mon approche reste malgré tout celle d'un homme avec ses émotions brutes envers le sexe opposé sur les sites de rencontre en ligne.

Sur 42 femmes, 30 ont réellement aimé mes écrits, 7 ont beaucoup apprécié les lire, 1 aurait préféré que ce soit une femme qui l'ait écrit et 4 femmes n'ont pas aimé mon livre. Ainsi, 89% des femmes qui ont lu mon travail ont approuvé mon style et mes confessions en tant qu'homme dans cette odyssée que sont les sites de rencontre. Parmi elles, 31 femmes ne me connaissaient que par mes écrits. Voici une sélection de leurs commentaires.

Bonsoir André,

Je trouve le contenu de ton projet super intéressant. J'ai adoré tes descriptions de rencontre ainsi que tes anticipations. Ton écriture est franche et directe et ça réconforte.

En résumé c'est un super projet et je crois sincèrement que tu as fait un excellent travail et ça serait génial si tu pouvais t'associer avec quelqu'un qui pourrait t'épauler dans l'édition. Bonne chance pour le reste. Nat M.

Bonsoir André,

Je me reconnais dans ce chapitre. Je pensais justement débuter un blogue sur cette quête de l'âme sœur. Merci d'avoir partagé! On se rejoint là aussi! Julie G.

Bonjour André,

Vous m'avez fait bien rire...

Je suis cinéaste et je travaille sur un projet similaire... En fait très différent, mais sur le même thème.

Je trouve votre projet intéressant et j'aimerais vous en parlé plus longuement. Je ne ferai pas ça par écrit... trop long et trop compliqué. L'écriture manque parfois de nuances, mais pas la vôtre. Au plaisir, Marquise L.

Bonjour André,

J'ai lu 45 pages d'un trait ce matin. J'ai trouvé le texte très intéressant et divertissant. Gisèle N.

André...

Excuses moi, je n'ai pas eu le temps (je dirais plutôt je n'ai pas trouvé le temps où je peux ne faire que ça! :))... Je viens de débuter et je trouve plaisir à te lire. Un livre à lire dans le confort de son lit. C'est un livre très léger mais en même temps profond. Il y a deux messages : celui de la frivolité et celui de lire entre les lignes.... C'est plus sympa et c'est le bon timing :))... Merci ... Nath K.

André,

J'ai adoré... C'est très personnel et sensible et humble... Bref j'aime bien! Daniele M.

Cher André,

Je me suis franchement régalé à la lecture de vos textes. C'est en définitive une réalité, mais combien aventureuse, parfois laborieuse, mais jamais banale. La quête d'une relation amoureuse !

Bravo! Le contenu de vos textes est intéressant, facile et pas trop scientifique, ce qui rend le tout séduisant, captivant, entremêlé de légèreté et d'évidences et surtout d'humour délicieux. Ces textes méritent d'être édités. Johanne L.

Bonjour André,

J'ai aimé le fait que tes écrits se lisent facilement, j'ai bien aimé la trame de ton histoire, on est entre la fiction d'anonymat et la réalité de rencontres. Nicole B.

Bonjour "cher" André !!!!

Waaaowww...j'ai lu ton essai littéraire. Je trouve que tu as décrit très bien le vrai monde des sites de rencontre, avec les vrais textes qu'on reçoit (la plupart du temps insignifiants, qui ne nous touchent pas notre âme...). Elena B.

Bonjour André,

Je réitère mon intérêt de lire la suite de ton manuscrit. D'ailleurs, j'attends toujours ta toute récente version. Au plaisir de te parler, Élise.

Table of Contents

Partie 1

Remerciements — 3
Commentaires des lecteurs — 5

Avant-Propos — 11

Chapitre 1
L'échéance du bonheur — 15

Chapitre 2
Les premiers pas et pourquoi pas moi? — 41

Chapitre 3
Toujours lire le profil avant de répondre — 79

Chapitre 4
Le test de l'homme ou de la femme des cavernes — 107

Interlude 1 — 133

Partie 2

Chapitre 5
Premier rendez-vous et rendez-vous à l'aveugle

Chapitre 6
Pourquoi eux et pas moi ?

Partie 3

Chapitre 7
Scotché à la case de départ !

Chapitre 8
Ce que je cherche à éviter !

Partie 4

Chapitre 9
Cette fois, c'est la bonne ?

Chapitre 10
Où se cache l'amour ?

Chapitre 11
Les lois non écrites des sites de rencontre

Épilogue
La conclusion finale

Avant-Propos

Ce livre a été inspiré par des conversations que j'ai eues avec plus de 200 femmes m'ayant fait part de leur déception face aux hommes qui semblaient mal comprendre leurs motivations pour s'inscrire sur des sites de rencontre en ligne. Pour mieux comprendre pourquoi tant d'hommes passent à côté de ces raisons, et aussi pour me permettre à moi-même de trouver une âme sœur, j'ai décidé de tenter l'aventure des rencontres en ligne. Ce que j'ai appris - sur moi, sur les femmes et sur les rencontres en ligne – dépasse tout ce que j'avais pu imaginer. Dire que ce fut une expérience remplie de rebondissements et de surprises serait un euphémisme.

Je n'ai pas l'intention de juger ou de décourager ceux qui essaient de faire des rencontres en ligne mais seulement de partager mes expériences réelles. Mon espoir est de mettre en évidence les erreurs et les pièges courants auxquels on peut être confronté lorsque l'on tente des rencontres en ligne. Si j'arrive à atteindre cet objectif, alors peut-être que ce livre aidera ceux qui se tournent vers les sites de rencontres, ou vers les réseaux sociaux comme Facebook ou autres, à être dans une démarche positive pour trouver leur âme sœur. En tout cas c'est mon souhait, car de plus en plus de personnes utilisent des sites de rencontre en ligne de manière quotidienne.

Les données des sondages recueillies par Pew en juin et juillet 2015 ont été comparées aux données recueillies par Pew à partir d'une enquête similaire réalisée en 2013. Effectuer une rencontre en ligne est une pratique qui semble avoir augmenté pour presque tous les groupes d'âge au cours des deux années. Magazine Forbes

Ce livre est rempli de surprises tirées de mes rencontres et rendez-vous et comprend des histoires destinées à faire rire, à partager et à discuter. Les noms des personnes impliquées ont nécessairement été changés afin de préserver leur vie privée, mais autant qu'il apprendra des commentaires des femmes qui ont partagé leurs pensées sur leurs rendez-vous, un lecteur averti pourra aussi mieux comprendre les pensées subtiles, et sensuelles, du mental masculin.

Vous pourrez suivre mes aventures à mesure que les relations potentielles que j'ai eues sont passées de contacts initiaux via messages, courriels et chats en lignes aux rencontres face à face et aux véritables rendez-vous. Au fur et à mesure de votre lecture, vous vous familiariserez avec mon style d'écriture peu orthodoxe et avec ce que certains appellent mes « Andréismes », qui sont parfois sérieux, parfois humoristiques, mais toujours honnêtes et fidèles à la réalité de ce monde de rencontres.

Donc, avant de s'engager dans les rencontres en ligne, il est important de comprendre que tous les sites de rencontre semblent attirants à première vue. Ils offrent un large éventail d'opportunités, ce qui pourrait nous amener à croire qu'ils peuvent changer nos vies. Mais en réalité, ces sites de rencontre en ligne ne sont que des outils pratiques. Ce sont des applications Internet qui facilitent les rencontres virtuelles et, peut-être, mèneront à de vraies rencontres, et rien de plus. C'est là que votre véritable défi commence.

Les situations et histoires que vous allez lire présentent les différents types d'offres que vous pourrez recevoir dès que vous créerez votre profil, y compris celles qui peuvent vous laisser perplexe : « Qui sont les personnes que l'on trouve sur les sites de rencontre ? ». Pas étonnant que tant de femmes choisissent de dissimuler leur véritable identité sur leur profil virtuel.

J'ai essayé d'être le plus objectif possible en examinant et en questionnant mes actions après chacune de mes expériences de rencontre. J'ai essayé d'établir, de la façon la plus juste et la plus honnête possible, les dimensions du raisonnement d'un homme. Mais afin de rester vrai et de maintenir une perspective juste, les commentaires de diverses femmes sont inclus à la fin de chaque chapitre du livre. Ces dernières ont de multiples visages, origines, âges et milieux culturels.

La recherche de l'amour est universelle et ces femmes représentent une échelle de pays et de cultures des six continents, avec une présence nord-américaine importante car c'est à cet endroit de la planète que les sites de rencontre ont été créés pour la première fois en 1990. Comme je l'ai appris, les sites de rencontre offrent un large éventail de possibilités à tous, mais il est très facile de se perdre. Plus de cinquante femmes qui m'ont gratifié de leurs commentaires m'ont aidé à rester fidèle à la réalité.

Pour certaines d'entre elles, le français est une deuxième voire une troisième langue. Soyez donc indulgent quant à la justesse grammaticale de leurs commentaires. Bien que mes propres mots aient été corrigés par un professionnel, je n'ai pas souhaité modifier leurs commentaires avec la même approche stricte car cela aurait dénué beaucoup de commentaires de leur particularité et de leur saveur individuelle.

Je crois, et j'espère, que vous apprécierez mes histoires. Dans son ensemble, je pense que ce livre approfondira vos connaissances sur les tenants et aboutissants des rencontres en ligne et que vous découvrirez le véritable sens du vieil adage : « Le voyage qu'est la vie est parfois plus important que la destination en elle-même. »

Enrichi par ma propre métaphore:

Le monde des rencontres virtuelles est un peu comme un ciel infini qui nous entoure et qui change constamment. Il peut devenir noir et très nuageux et les orages et la foudre menacent de s'abattre à tout moment. Toutefois, il finira par se dégager et des éclaircies bienveillantes deviendront comme des nuances de bonheur que nous méritons tous. Alors et enfin, c'est à nous, et seulement à nous, de les reconnaître véritablement, de les saisir, de les embrasser et, surtout, de les retenir.

André Prince de Grâce 2018

L'échéance du bonheur

L'aube émerge de la noirceur de la nuit. Je suis prêt à me lancer dans cette aventure fascinante qu'est le fait de prendre les mains de la femme que je recherche. Je n'ai jamais été aussi déterminé dans ma quête du bonheur. Et ça ? Eh bien cela semble prometteur. Je ne me considère pas comme trop vieux ou en retard ; je mérite le bonheur et je vais l'obtenir.

Pardon. Comme c'est impoli de ma part. Permettez-moi de me présenter :

Situation: André, hétérosexuel, divorcé à deux reprises, père d'une magnifique adolescente.

Formation: Diplômé en génie civil de l'École Polytechnique de Montréal, MBA McGill, avec une expérience en tant que cadre supérieur dans des entreprises Fortune 100 au Canada.

Grâce à des parents très mobiles, j'ai pu vivre dans des endroits remarquables. J'ai fréquenté des écoles sur trois continents - à Varsovie, en Pologne, qui faisait alors partie du système communiste en Europe de l'Est. J'ai également été scolarisé en Tunisie, en Afrique du Nord, avant d'être admis pour mon bac à Paris, en France. Ma dernière formation s'est faite à Montréal, au Québec, Canada. La scolarisation dans des écoles françaises et anglaises m'a permis de bien maîtriser les deux langues. Mais il ne faut pas s'étonner que je sois parfois perdu par les multiples expressions dans les deux langues qui dansent dans ma tête.

Je suis la preuve vivante de la théorie de la relativité générale d'Einstein. Cette théorie prétend que la description d'un même objet ou événement observé à partir de différents endroits est influencée par les spécificités de l'endroit d'où il est observé. Par conséquent, où se trouve la vérité absolue ? Existe-t-elle ou est-ce que tout a une valeur relative, même les relations entre genres ?

Quelle question ! Mes migrations intercontinentales m'ont-elles permis de développer une acceptation accrue du changement ? Mes expériences internationales vont-elles m'aider à trouver le véritable amour et à réussir dans mes relations amoureuses avec d'autres personnes que j'ai croisées ? Je n'en suis pas du tout certain.

J'ai célébré mon premier mariage à la cathédrale Marie-Reine-du-Monde de Montréal avec la bénédiction personnelle du pape Jean-Paul II. Je dois cet honneur à la relation qu'avait ma mère avec le Vatican – elle était polonaise.

Mon épouse, que j'ai rencontrée sur le campus de l'Université de Montréal, avait un baccalauréat en biologie et débutait sa maîtrise en biologie médicale lorsque nous nous sommes mariés. Au début, nous formions un couple parfait, comme un bon vin soulignant un bon plat. Ma femme était amusante et aimante. Nous avons vécu un pur bonheur, du moins pendant un moment. Mais au fur et à mesure que le temps passait, cette façade a commencé à s'effriter.

Nous avons tous les deux étés pris dans nos études de maîtrise. Nous avons passé sept ans sans faire de l'agrandissement de notre famille une priorité. Nous étions constamment absorbés par nos études et les brefs petits voyages que nous faisions étaient nos seuls moments de respiration. Ce n'est que beaucoup plus tard que nous avons abordé le sujet des enfants. J'en voulais, elle non.

Réalisant que l'ambition professionnelle n'était pas tout et que créer une famille était important pour moi, j'ai décidé de commencer à changer ma vie pour en faire ce que je voulais. Après douze ans de vie commune, ma femme et moi étions dans une impasse et cela sonna le glas de notre relation.

Ma deuxième relation s'est construite seulement autour de la volonté d'avoir des enfants et de fonder une famille. Avec mon deuxième mariage, l'achat d'une maison et la naissance de notre enfant, je visais à créer l'environnement parfait dans lequel nous voulions élever notre fille.

Douze ans après le second mariage, ma femme et moi avions réussi à élever notre fille et à lui donner une éducation, mais notre union semblait épuisée. Le piment et toute la saveur que notre relation avait un jour eus étaient perdus. Il était clair qu'il y avait une incompatibilité irrémédiable entre nos deux personnalités. Contrairement au cliché sur les relations amoureuses de trois ans, dans mon cas, apparemment, elles semblent durer douze ans. Donc, après une douzaine d'années ensemble et beaucoup de déceptions, il semblait que j'avais gâché une autre bonne partie de ma vie, à l'exception de la naissance de notre fille. Elle était ma seule consolation.

Depuis, je suis de retour à la case départ. Et ceci explique ma présence aujourd'hui - après avoir été trop longtemps célibataire - devant un écran d'ordinateur, ayant du mal à remplir mon profil sur un site de rencontre.

Cette fois, j'espère que ma recherche de l'âme sœur aboutira à la bonne. Je pourrais, avec un peu de sarcasme, paraphraser ma vie comme Calvin Harris chante dans sa chanson « My Way ». Sinon, le temps passera comme de l'eau sous le pont, sans aucune retenue.

- Mais à quoi ressemble la femme de mes rêves ?
- Quelles sont les qualités que je recherche chez une personne ? Qu'est-ce que cela signifie vraiment ?
- Où est-ce que je commence ? Et comment ?

Dois-je suivre la théorie d'Einstein sur le Bonheur écrite en 1922 à l'Imperial Hôtel Tokyo ?

- Quand on veut, on peut.
- Le véritable signe de l'intelligence n'est pas la connaissance mais l'imagination.
- Une vie calme et humble apportera plus de bonheur que la poursuite du succès et la constante agitation qui l'accompagne.
- Quand vous faites la cour à une jolie fille, une heure semble être une seconde. Lorsque vous vous asseyez sur de la cendre rouge, une seconde semble être une heure. C'est la vraie relativité.

Pour réussir ma recherche, je dois garder ces phrases en tête. Ainsi, me voici lancé dans ma quête de bonheur mes amis !

Le point de vue de Dominique sur le 1er chapitre: Est-ce que tout est vraiment relatif, même la perception de la vie ?

Je suis Dominique de la Caroline du Nord, aux États-Unis. Je suis une femme de 25 ans qui s'accroche encore aux vestiges de sa jeunesse, qui court à la dérive et qui voyage dans le monde à la recherche d'un vrai bonheur pur (si une telle chose existe vraiment).

J'ai obtenu mon diplôme d'études secondaires un an plus tôt et je me suis immédiatement lancée dans la vie universitaire, où j'ai obtenu un diplôme en rédaction créative, ce qui a toujours été ma véritable passion. En fait, c'était tellement important pour moi que j'ai mis de nombreuses années de côté pour poursuivre ce rêve et que je me suis refusé toute forme d'engagement romantique.

Plus tard, j'ai réalisé que je voulais trouver et ajouter cet amour indescriptible à ma vie. J'ai pleinement cru en l'amour véritable (même au coup de foudre). Je suis peut-être romantique, mais je ne veux pas croire qu'il y ait autre chose de moins que cela dans le monde.

Cela dit, j'ai aussi beaucoup voyagé. Je voyage toujours et je voyage encore pendant que je rédige ce document. Comme André, j'ai vu des endroits remarquables et j'ai rencontré beaucoup de gens remarquables. Il est tellement vrai que la théorie de la relativité d'Einstein est vivante et éprouvée dans ce monde. Tout est influencé par les spécificités du lieu d'où il est observé, y compris la poursuite et la définition de l'amour.

Je crois qu'il y a une vérité absolue et que la vérité, quelle que soit la façon dont on la résume, est simplement l'amour. Il peut y avoir des facteurs extérieurs dans la définition relative des relations sexuelles, mais l'amour est universel.

Alors pourquoi ne pouvais-je pas la trouver ?

Il est possible que tous mes voyages m'aient laissé dériver dans ma quête de l'amour, tandis que des personnes plus stables ont développé une base solide sur laquelle trouver l'amour ?

Comme André, je me suis finalement tournée vers l'option de la rencontre en ligne. Assise devant un écran d'ordinateur, remplissant des profils ridicules et des questionnaires de compatibilité, j'avais l'espoir qu'il y avait quelque part dans l'univers quelqu'un qui était tout aussi confus que moi sur la façon de trouver l'amour.

On dit qu'on ne trouve jamais l'amour quand on le cherche, mais je n'ai jamais attendu que des choses m'arrivent.

J'étais déterminé à rendre cette recherche fructueuse et sérieuse, alors je me suis posé des questions très semblables à celles d'André :

- *À quoi ressemble l'homme de mes rêves ?*
- *Quelles sont les qualités et les traits de personnalité que je recherche ?*
- *Comment puis-je avoir la patience d'affronter les centaines et les millions de personnes qui ne répondent pas à mes normes ?*
- *Devrais-je même avoir des normes ?*

Quand on entre dans le monde des rencontres en ligne, je suis sûr que ce sont des pensées qui traversent l'esprit de presque tout le monde. Le monde des rencontres en ligne d'aujourd'hui est tout aussi relatif que celui des rencontres dans le monde réel. Les connexions et les communications se rapportent aux plateformes utilisées : Tinder, POF, Bumble, Match, etc. Ils ont tous des règles et des normes différentes, tout comme si je fréquentais Tokyo et que j'allais ensuite au Brésil. La différence peut être aussi marquée.

Je n'ai jamais trouvé l'amour en ligne. J'ai établi des liens, j'en ai perdu d'autres, j'ai fait trop d'efforts ou pas assez, mais tout cela faisait partie du processus de recherche de l'amour.

Pour certaines personnes, le voyage peut se terminer en ligne. Pour d'autres, ce n'est qu'un tremplin dans le monde des rencontres.

Encore une fois, tout est relatif.

Le point de vue de Lin Rose sur le 1er chapitre : La fréquentation en ligne s'adresse aux adultes.

« Un véritable adulte est une personne qui peut se présenter et se vendre comme un bon produit en ligne. »

Bonjour, je m'appelle Lin Rose. J'ai 29 ans et je viens de Xiamen City, en Chine continentale. J'ai un parent canadien et j'ai vécu un certain temps au Royaume-Uni (mais je vis maintenant en Chine). Je suis heureuse de contribuer, avec le point de vue d'une femme chinoise, à l'Odyssée de la rencontre amoureuse d'André.

L'amour ! Je pense que le fait de trouver et de garder l'amour dans le monde d'aujourd'hui est prise de tête, même pour une femme dans un pays où la population humaine est la plus importante au monde. L'espoir que la situation s'améliore est plutôt sombre.

Je suis une femme chinoise et je le dis avec fierté. Je suis une femme qui a grandi en entendant des histoires sur la façon dont mes parents et leurs amis ont trouvé l'amour dans les festivals, pendant les visites familiales et pratiquement à n'importe quel point de contact physique.

Une culture séduisante souhaitée par cet auteur était encore largement pratiquée – je dois admettre que nous partageons la même nostalgie.

Internet a effectivement changé le jeu de fréquentation.

Chaque fois que j'entends le mot « rencontre en ligne », je pense au commerce électronique. Cela me bouleverse énormément. Elle exige qu'une personne obtienne les détails exacts et fournisse les données personnelles essentielles, même si la possibilité de trouver un jour de l'amour n'est pas garantie. Le produit (dans ce cas, un être humain) doit se promouvoir correctement et de manière séduisante.

Ici, en Chine, les fournisseurs de services de commerce électronique donnent aux vendeurs l'occasion de vendre leurs produits à des acheteurs *potentiels. Essentiellement, il y a deux groupes de personnes sur le site Web : les vendeurs et les acheteurs.*

Mais les rencontres en ligne sont très compliquées. Chaque profil est un produit qui essaie de se vendre, comme pour la recherche d'un produit à acheter – une bourse équitable. Le critère crucial est votre aptitude à vous promouvoir.

Je dois dire que cela nous ramène des siècles en arrière, à l'époque où les gens devaient troquer des produits pour gagner leur vie.

Le point de vue de Carolina sur le 1er chapitre: Par où et comment commencer ?

Je suis une Française de la fin de la vingtaine de Paris, en France, et j'ai été témoin de nombreux divorces dans ma famille et dans mon cercle d'amis. Les questions d'André dans ce chapitre sont donc plus que pertinentes.

Il est difficile d'envisager une nouvelle relation après un divorce, mais il faut se calmer. Vous devez vous sentir bien et être lucide. Vous devez vous détendre, rire avec vos amis et sortir ! Il faut certainement se préserver pour ne pas être paralysé, en faisant du sport. Votre état d'esprit et vos pensées au sujet de la vie constituent un élément clé de votre bonheur futur avant d'envisager de fréquenter quelqu'un. Préserver une tête propre et un cœur solide est une chose saine. Si vous tenez compte de ces suggestions, vous aurez de meilleures chances de réussir à sortir avec quelqu'un après un divorce.

Voici donc des suggestions pratiques à prendre en considération après le divorce :

Demandez l'aide d'un ami ou de votre propre famille :

Tout retrait de votre famille ou de vos amis proches peut être extrêmement douloureux. Si vous pouvez l'obtenir, un soutien de confiance est essentiel après votre divorce. Le fait de communiquer avec des âmes proches vous permettra de ne pas vous sentir seul. Mais choisissez prudemment sur qui vous vous appuierez.

Participez à un établissement de soutien :

Une option est d'obtenir l'aide d'organismes conçus pour vous aider après le divorce. Vous pouvez communiquer avec d'autres personnes dans des conditions semblables aux vôtres et écouter comment elles s'adaptent. Cela peut être particulièrement utile dans le cas où votre divorce a pris fin de façon douloureuse. Cela comprend l'abus, la dépendance ou l'infidélité. Cherchez des organismes de divorce comme Divorce Care.

Faites de nouveaux amis :

Beaucoup de gens constateront qu'après un mariage, le paysage de leur cercle social change. Vous et votre conjoint pourriez avoir des amis qui doivent maintenant choisir un camp. D'anciens amis ne sont peut-être pas aussi intéressés à vous voir en raison de votre statut social modifié. Vous devez chercher de nouvelles amitiés.

Commencez à sortir seulement lorsque vous êtes prêt :

La fréquentation est difficile après un divorce. Je vous conseille sincèrement d'éviter toute rencontre pendant au moins trois mois, mais je vois souvent une période d'un an. C'est à vous de décider en fait. Ma seule recommandation est de ne pas vous prendre trop au sérieux et de ne pas essayer de trouver « le seul » comme objectif immédiat. Personne ne veut sortir avec un gars qui pleure spontanément, qui se plaint trop ou qui parle continuellement de son ex-conjoint. Vous devez établir des attentes significatives pour votre rencard avant de sortir.

Le point de vue de Natasha sur le 1er chapitre: L'amour est à la portée d'un clavier..

Je suis Natasha, une femme mariée de vingt-cinq ans vivant à Melbourne, en Australie. Mon mari a quarante-deux ans et à l'heure actuelle, nous n'avons pas d'enfants. Je travaille pour une maison d'édition espagnole, ce qui cadre avec mon passe-temps : voyager. Bien que je connaisse beaucoup de personnes à travers le monde, je n'ai jamais pu trouver l'amour sur mon chemin. Ainsi, en 2014, j'ai décidé de créer un compte sur un site de rencontre en ligne.

Au début, j'étais irritée parce que je devais sans arrêt répondre à des questions stupides pour décrire mon compagnon idéal. La dernière question était la plus difficile : comment savez-vous qui serait « l'homme » idéal ? Il ne devrait pas nécessairement être comme moi, ni mon antithèse.

Je suis écrivaine, mais j'ai choisi de ne pas écrire beaucoup. De toute façon, personne n'a lu mon profil, et ils ont seulement bavardé avec moi pour dire des choses stupides. Jamais il ne manquera quelqu'un qui pense être un puissant séducteur, qui s'est vendu comme le gros lot ou qui présente son CV. Des mois passèrent et mes recherches s'amélioraient. Finalement, j'ai trouvé la bonne personne avec qui discuter : il s'appelle Tim.

Nous nous sommes connectés tous les jours pendant un an jusqu'à ce que nous ayons décidé de nous rencontrer en personne. Je me sentais impatiente de lui parler, de le toucher, de le ressentir dans la vraie vie. J'étais même excité de découvrir son parfum. Je me souviens de cette nuit où je ne pouvais pas dormir, parce que je ne pouvais pas arrêter de penser à notre futur premier rendez-vous. En outre, j'ai fait une liste dans mon esprit : vérifier le trafic, chercher un taxi tôt le matin, choisir des sujets pour notre conversation, sélectionner des réponses possibles et essayer des vêtements. À ce moment, je me suis levée. Je suis restée éveillée cette nuit-là.

En allant à notre lieu de rencontre, je suis devenue nerveuse. La crainte qu'il ne puisse être réel m'a englouti, et pour un instant, j'ai voulu rentrer. J'ai senti une pression horrible dans mon estomac. J'ai senti le besoin de vomir dans le taxi. Mais il était trop tard pour des regrets. Je me suis donc convaincue que « s'il ne se présente pas, ce ne sera pas la fin du monde ».

Heureusement, tout s'est très bien passé lorsque Tim est venu me rencontrer. On se connaissait déjà, mais ça n'avait pas d'importance parce qu'on parlait beaucoup. Tim ne voit pas la vie de la même manière que moi, mais nous partageons les mêmes intérêts.

Aujourd'hui, je suis heureuse de dire qu'après une autre année, Tim m'a épousé. Maintenant, nous aimons tous les deux voyager ensemble. Tim a tout ce que je recherche chez un homme : la sincérité, un cœur honnête, du charme et surtout de l'intelligence.

Ces jours-ci, il n'est pas facile d'établir une relation avec un étranger, alors je suis certaine que les rencontres en ligne aident beaucoup à faire le premier pas. Aussi, je crois que le fait de ne pas savoir si la photo ou la position économique est réelle donne l'avantage de connaître la vraie personne à travers les mots. Commencer avec un « ami » en ligne, c'est un excellent moyen de trouver le véritable amour.

Le point de vue d'Helen sur le 1er chapitre : Être soi-même et savoir ce que l'on veut.

Je suis Helen, mère célibataire de trente-sept ans d'une jolie fille. J'ai une licence en communication de l'Eastern University, aux Etats Unis. Je suis inspirée par les défis et les changements qui se produisent autour de moi. Je suis une écrivaine, avec 8 ans d'expérience en rédaction. Je crois fermement en l'amour, et j'aime aussi voir le meilleur côté des gens indépendamment de leur appartenance ethnique. Mais, comme toute autre femme, j'ai un goût personnel.

Il existe de nombreuses raisons pour lesquelles une personne peut choisir de rencontrer des gens en ligne. Après tout, les rencontres en ligne sont basées sur votre propre horaire et peuvent être aussi personnelles ou impersonnelles que vous le souhaitez.

Lors de rencontres en ligne, il est important de considérer l'ensemble du processus comme étant plutôt informel que potentiel. Les rencontres en ligne prendront du temps, parfois autant (sinon plus) que les rencontres en personnes. Tout comme dans une relation hors ligne, les choses peuvent simplement ne pas fonctionner. C'est ma conviction personnelle, et je ne prends pas la plupart des descriptions de profil comme étant vraies, même si je passe rarement par d'autres personnes.

Dans ma quête d'un amour sincère, j'ai eu une première expérience. J'ai vécu en Alaska et j'ai adoré l'environnement et le climat. Cependant, je cherchais aussi quelqu'un qui vivait dans d'autres régions des États-Unis ! Donc, étant sur un site de rencontres en ligne, j'ai pu connaître le père de mon enfant. Il vivait dans le Maryland, alors nous avons choisi de parler au téléphone pendant des heures. J'ai adoré le son de sa voix et son sens de l'humour. Étant donné que notre service Internet était une connexion haut débit, le développement de notre relation était également très rapide !

Je lui ai rendu visite au Maryland le premier week-end de juillet. Mes parents et amis craignaient qu'il puisse être un meurtrier. Bien sûr, *après lui avoir parlé au téléphone pendant si longtemps, je savais que je pouvais lui faire confiance. À la fin du mois de juillet, il est venu en Alaska et a demandé ma main en mariage le même mois. Nous nous sommes mariés au Maryland en octobre de la même année. Parlez d'un tourbillon d'amour !*

Certaines personnes ont l'habitude de me demander : « Eh bien, comment as-tu pu le connaître si bien ? » Lorsque vous n'avez que le téléphone, c'est très facile. Pensez aux rencontres face à face. Parfois, vous jouez au golf en miniature, regardez un film ou faites d'autres choses qui ne nécessitent pas de parler.

On ne pouvait que parler ! Donc, cela nous a permis de bien nous connaître. Cela n'a pas duré toute une vie, et cela m'a ramené au site de rencontre POF. Vous seul savez ce que vous cherchez. Ne vous contentez pas de moins que celui que vous désirez. Croyez en votre capacité à obtenir le bon partenaire.

Les rencontres en ligne peuvent être le moyen idéal pour les trouver !

Le point de vue de Luna sur le 1er chapitre : Qu'est-ce qu'une vraie rencontre ?

Je m'appelle Luna de Louisville, USA. Je suis une femme de vingt-cinq ans sans enfants. Je suis actuellement avec un 'meilleur ami devenu petit ami' depuis quatorze mois. J'ai un MSN et je travaille actuellement comme infirmière praticienne. J'adore mon travail et j'ai l'impression d'aider les gens ! Malgré cela, je ressens toujours une forte envie de voyager, alors je m'assure de voyager chaque fois que j'en ai l'occasion ! Par conséquent, j'ai voyagé plusieurs fois en Allemagne pour rendre visite à ma famille et j'ai l'intention de me rendre en Roumanie ou au Mexique.

J'ai grandi en Allemagne. Quand j'avais 9 ans, mes parents nous ont déménagé aux USA. Du fait du travail de mon père, nous avons déménagé assez souvent. Par conséquent, j'ai fréquenté de nombreuses écoles. J'ai rencontré beaucoup de gens, disons, bons et mauvais. Cela a continué jusqu'à l'obtention de mon diplôme d'études secondaires.

J'ai fait l'expérience de faire des rencontres un peu plus tard, seulement deux des relations étant quelque chose de sérieux. A l'époque, j'avais peur d'accepter une relation et de rester coincée avec le « mauvais » type. La plupart de mes petits amis se sont avérés être sexuellement actifs, alors que je ne l'étais pas. Après avoir constaté un tel stress, j'ai ressenti cette pression excessive, et j'ai décidé de faire une pause complète dans le domaine des rencontres pour me préoccuper d'abord de mon propre bonheur.

Quelques années plus tard, mon meilleur ami d'enfance m'a demandé de sortir avec lui lors d'une réunion avec des amis. Je suis très heureuse dans cette relation et je ne me sens pas du tout sous pression. Je pense que la clé d'une relation saine est le respect et la compréhension mutuels. Je crois fermement qu'il y a quelqu'un pour tout le monde. Chaque fois que je faisais des rencontres en ligne, mon expérience m'a beaucoup plu. C'était naturel et, pour la plupart, plutôt insouciant. J'étais complètement aveugle aux véritables intentions de certaines personnes. Je ne savais pas vraiment lire entre les lignes de textes et les profils. Il est toujours important de savoir exactement quelles limites vous voulez-vous fixer à vous-même et à votre intérêt amoureux potentiel.

André fait un travail étonnant en décrivant comment une relation fonctionnelle devrait être. Je rêvais d'avoir ce livre quand je commençais tout juste à sortir avec des hommes, car je n'avais absolument aucune idée !

Le point de vue de Clara sur le 1er chapitre : Sans aucune ambiguïté.

Salut, je m'appelle Clara. Un prénom chrétien mais avec de véritable souches africaines. Vingt-six ans, jamais été mariée. Diplôme en arts de la scène de l'Université Obafemi Awolowo à Ile-Ife, Licence en communication de masse, de l'Université nationale ouverte en Afrique. Je crois entièrement au fait de trouver l'amour et j'aime aussi voir le bien chez les gens, peu importe ce qu'ils ont fait ou ce qu'ils font. Donc, peu importe à quel point une rupture est chiante et douloureuse, j'aime bien passer à d'autres meilleures choses.

Ma première relation a duré six ans. Nous étions ensemble depuis le lycée jusqu'à ma deuxième année à l'université. J'avais seize ans et il avait vingt ans. Oui, il y avait une différence de 4 ans. La vérité est que: quand il m'a invité à sortir la première fois, il pensait que j'avais dix-huit ans parce que mon corps ressemblait à celui d'une fille de dix-huit à vingt ans: ma poitrine mesurait déjà 34D, mes hanches 38, ma taille 20. Donc, j'avais des formes de sablier qui attirait les garçons plus âgés.

Moi aussi, je n'ai jamais aimé les gars de mon âge car je sentais qu'ils étaient immatures. Quand nous avons commencé à sortir ensemble, il était sexuellement actif et je ne l'étais pas. Je n'étais pas prête à cause de mes convictions personnelles, et je voulais aussi que ce soit parfait. Au début, il était d'accord et ne me faisait jamais pression pour avoir des rapports sexuels. Nous nous aimions et cela suffisait. Trois ans après le début de notre relation, j'avais 19 ans et il avait l'impression que j'étais assez grande pour avoir des relations sexuelles, mais j'ai refusé. Je n'étais juste pas prête. J'ai remarqué qu'il commençait à me tromper avec des filles.

Trois ans plus tard, je n'étais toujours pas prête. Nous avons rompu.

Ma deuxième relation a commencé un an plus tard et j'avais 24 ans. Au début, j'avais peur d'entrer dans une autre relation parce que je pensais que le sexe allait m'être demandé souvent, mais mon nouveau petit ami était génial. Il était coach sportif et formateur et était très sensible. Je me sentais très en sécurité avec lui en tout temps et la connexion était tout simplement géniale. Nous étions attirés l'un par l'autre sexuellement, mais ce n'était pas une priorité. Il avait six ans de plus et était très mature. Quand nous avions eu notre premier rapport sexuel, c'est juste arrivé comme ça et c'était parfait.

Un an plus tard, nous avons commencé à parler de mariage et c'est à ce moment que notre avion s'est écrasé. Nous avions tous deux le même génotype, AS, qui cause l'anémie falciforme. Il s'en fichait et il m'a dit que les choses allaient s'arranger et que nous pourrons adopter. Mais je voulais mes propres enfants et je ne voulais pas faire souffrir un enfant dans ce monde. J'étais dans un dilemme, choisir mon homme parfait puis souffrir plus tard, ou continuer ma recherche de mon âme sœur. J'ai choisi la dernière décision et nous avons rompu. C'était si douloureux de perdre un homme bon.

Pour moi, je n'avais pas l'impression de perdre mon temps ou mes années car j'ai effectivement gagné quelque chose. Les relations, bonnes ou mauvaises, vous apprennent une chose ou une autre. Vous apprenez à faire les choses différemment. Dans cette optique, la question est : « Qu'est-ce que je veux chez un homme ? »

Mon Homme Parfait

Je reconnais qu'il n'y a pas de personne parfaite, donc par homme parfait, je veux dire un homme avec des attributs qui réponde à mes besoins les plus exigeants.

*En haut de la liste il y a un **Homme Sincere**: un homme qui n'a pas peur de me dire la vérité, même si cela me fait mal. Un homme qui n'est pas prétentieux.*

***Bon Communicateur:** Un gars qui écoute et prête attention à ma communication non verbale. Un homme gentil, responsable, mais aussi audacieux et aventureux. Il doit aussi être mature - pas seulement physiquement mais émotionnellement. Un gars qui n'est pas* *égocentrique.*

UN BON LOOK: *Je ne me soucie pas de la race, de la nationalité ou de la couleur. Je veux un gars d'au moins 5 pieds 6 pouces, en bonne forme physique et soucieux de son hygiène générale. Un gars ambitieux qui sait ce qu'il veut dans la vie. Alors, commençons.*

Le point de vue de Katia sur le 1er chapitre : Rencontres en ligne et hors ligne, quelle combinaison ?

Bonjour ! Je suis Katy, une jeune femme d'un pays récent, la Géorgie. Je suis une étudiante de maîtrise de 23 ans à l'université de Malte, qui a eu une relation à très longue distance avec des rencontres en général. Vous pourriez vous dire : « Comment ça marche ? » C'est assez facile. Si vous étiez moi, qui ai été élevé dans un pays de l'Union post-soviétique dans une famille assez libérale, vous auriez vos propres opinions sur la vie. Ma famille (que j'aime beaucoup) estime qu'elle a été beaucoup, beaucoup mieux que n'importe quelle autre famille dans mon pays (ils m'ont beaucoup donné). Mais alors que l'adolescent américain ou européen moyen commence à s'intéresser aux relations amoureuses, j'étais concentré sur l'étude, la réalisation de certains objectifs qui étaient superbes pour une jeune fille de 17 ans, et le mépris total des garçons ou des filles d'une vie amoureuse.

Oh, je ne faisais pas partie de ceux qui ne savaient pas comment les bébés arrivaient ou comment le sexe fonctionnait. Non. Si je voulais de l'information, l'Internet, les livres et les connaissances théoriques me suffisaient. Cependant, peu après (à l'université), j'ai commencé à constater que tout le monde se fréquente, en ligne, hors ligne ou les deux en même temps. Et puis il y a moi : qui a son projet de vie (qui pour l'instant n'inclut aucune relation sérieuse). Mais pour les relations superficielles, j'étais prête. Juste selon mes propres termes.

Mais je doute que vous lisiez ceci pour connaître l'état lamentable de ma vie amoureuse en ce moment. Vous voulez avoir un aperçu d'un événement de la vie réelle qui m'est arrivé. Prêt ?

Rencontres en ligne.... J'étais toujours bien informé par rapport à cela, j'ai essayé, (Tinder est apparu sur mon téléphone une fois, mais a été effacé quelques heures plus tard après avoir réalisé que mon idée des mecs était correcte, et la seule chose qu'ils voulaient de moi était le sexe. Désolée, je n'y arrive pas si facilement), mais je ne m'y suis jamais complètement impliquée.

J'ai donc essayé de chatter pendant un certain temps, mais je passais trop de temps dans mes études.

Ainsi, mes rencontres en ligne ont pris fin pour le moment. Je vais voyager et lire des livres. Comme le dit mon meilleur ami : « Tu as du temps devant toi, pour faire tout ce que je faisais. »

Et pour ceux qui sont encore à la recherche de leur deuxième moitié, continuez à chercher. Assurez-vous simplement de savoir à qui vous parlez !

Le point de vue de Niki sur le 1er chapitre : Un amour vintage à l'ère moderne.

Née à Rabat, au Maroc, au bord d'une magnifique plage océanique, j'ai toujours rêvé d'être d'une autre époque. Une autre époque, qui se nourrit de l'amour dans sa plus belle forme. Mais étant un enfant des années 90, j'ai dû grandir dans un monde dans lequel les gens courent, avides et en quête constante d'intimité et d'émotion, même si c'était aussi temporaire que l'admiration devant un nouveau jouet. J'ai juré de ne jamais être prise dans le jeu, mais je n'ai pas tenu cette promesse. Après avoir lu l'histoire des rencontres en ligne d'André, cela m'a rappelé ma propre expérience, que j'aimerais partager en guise de réponse. Mon histoire est comme un conte de fée modernisé : l'impossible devient réalité, car deux personnes de pays, de races et de milieux différents sont tombées amoureuses.

Donc, comme vous le voyez, mon expérience n'est pas tout à fait une histoire à rendez-vous unique. Il s'agit de l'amour qui se manifeste comme une grande puissance, qui élimine toutes les différences et fait ressortir toutes les similitudes. Mais ce qui est le plus remarquable pour moi, c'est que lorsque je suivais la vague, en course et à la recherche de mon prince charmant, j'ai été frappé par des déceptions et de la poussière. Cependant, lorsque j'ai cessé d'errer avec mon cœur en exposition, l'amour est venu me chercher dans l'endroit le plus insolite. Et de nulle part, le cliché le plus flagrant s'est produit. Il a commenté un message en ligne, alors j'ai répondu. Il m'a envoyé une demande d'amitié, alors j'ai accepté. Et maintenant nous sommes fiancés. Cela semble si simple, mais si compliqué à réaliser émotionnellement. On n'a pas échangé de photos. Il n'a pas demandé, et moi non plus. Ça nous a poussés l'un vers l'autre d'une manière unique.

Au début, nous n'étions que des amis, puis nous sommes devenus de bons amis. Nous avons partagé notre sens de l'humour bizarre ensemble, et lentement, nous nous dévoilions l'un à l'autre. Nous étions en train de nous débarrasser de tous les masques et de briser les murs de protection que nos âmes endommagées ont construit dans un moment de révolte, après que des poignards de trahison et de déception ont été plantés dans nos cœurs. Il n'était pas la personne arrogante, négligente et immature que je pensais qu'il était, et mon cœur n'était pas aussi mort qu'il n'y paraissait. Par une nuit pluvieuse, j'étais assise près de mon lit et je regardais par la fenêtre. Le ciel était sombre, mais les lumières de l'aube commençaient à apparaître, et les traces d'un nouveau jour devenaient plus claires. C'était si calme et paisible qu'il n'y avait pas d'autre son, mais la pluie qui tombait à verse était audible. Puis, j'ai soudainement sursauté lorsque mon téléphone a sonné. Mon cœur battait si vite. J'ai jeté un coup d'œil sur l'écran rougeoyant, et c'était lui. J'ai décroché.

« *Je n'arrivais pas à dormir* », dit-il avec sa voix enrouée et engourdie, qui semblait toujours envoyer une sensation électrique dans ma colonne vertébrale.

« *Pourquoi ?* » Sa respiration s'est alourdie quand je le lui ai demandé.

« *Ta voix est si belle* » sa voix n'exprimait pas cette fois-ci la somnolence ; au contraire, il semblait bien éveillé.

« *Tu sais, je n'avais pas prévu ça, et je ne sais pas quoi dire, ou en fait, je sais exactement quoi dire, mais.... je... je ne peux plus le garder en moi, je dois te dire.* ». Sa voix était tremblante. Il avait peur, de l'inconnu, de la réaction. Il craignait des regrets qu'il pourrait avoir à gérer pour le reste de sa vie si sa décision venait à ruiner les sentiments uniques que nous avions déjà partagés.

« *Qu'est-ce que tu veux dire ?* » ai-je demandé, sachant ce qu'il voulait dire. Mais à ce moment-là, je ne savais rien.

« *J'ai des sentiments pour toi, je n'avais pas prévu ça, je suis désolé.* »

Soudain, j'ai été frappé par différentes émotions. J'étais submergée, effrayée, excitée, mais je savais que j'avais les mêmes sentiments pour lui. Pourtant, je me suis juste figée.

« *Qu'est-ce que tu veux dire ? Tu plaisantes, là ? C'est une blague pour toi ?* » ai-je répondu.

« Je t'aime. » a-t-il déclaré d'une voix claire. Soudain, il n'était pas tremblant. Il était confiant ; il croyait en ce qu'il disait. Et étant la femme au cœur de pierre et au sang-froid que j'ai toujours prétendu être, j'ai éclaté en larmes.

« Je t'aime aussi. » J'ai répondu. Je tremblais, je pleurais, je riais et je respirais à peine. Mais je n'ai pas douté de nos sentiments. Pas même une seule fois. Je lui ai fait confiance aveuglément, même en étant la femme qui ne faisait confiance à personne. Je l'aimais vraiment avec tout ce que j'avais, même si j'étais la femme qui a juré de ne jamais tomber amoureuse, de ne jamais faire partie de l'ère moderne avec toutes ses tendances et technologies. Et il m'aimait avec toutes nos différences, bien qu'il soit l'homme qui n'a jamais cru en l'amour en éliminant les frontières les plus fortes.

Nous avons, sans aucun doute, changé pour le meilleur. Je suis en train de sourire en tapant ces mots. Et je suis très heureuse de m'être donné la chance de faire partie de l'ère moderne. Bien que j'aie gardé ma vibration vintage, ce qui m'a amené à donner naissance à l'expérience la plus belle et changeante que je n'aurais jamais pensé avoir la chance d'avoir.

Le point de vue de Nour sur le 1er chapitre : Recherche de l'amour en ligne et les restrictions culturelles ?

Je suis Nour, du Caire, en Égypte. J'ai vingt-deux ans et j'aime le design, la musique, l'art et le cinéma. Je suis une personne un peu romantique, et je pense et j'imagine ma vie de points de vue très différents. Tous les soirs, je m'imagine dans une nouvelle histoire romantique avec l'homme de mes rêves, ou un poste de travail parfait. Je n'ai pas beaucoup d'amis. Je n'en ai que quelques-uns de ma vieille école qui ne me parlent pas beaucoup. Il y en a d'autres de mon université que je qualifierais de collègues. Mais un seul meilleur ami, qui avait l'habitude de voyager beaucoup, alors nous n'avions pas beaucoup de temps à passer ensemble. C'est pourquoi je passe le plus clair de mon temps sur Internet. Je préfère les chats aux conversations vocales et aux appels vidéo. C'est comme si j'étais trop timide pour parler ou réagir dans la vraie vie, alors je choisis de vivre tout cela derrière mon ordinateur portable. Parfois, je choisis des surnoms pour moi-même lorsque je parle à quelqu'un de nouveau, ce qui me rend plus à l'aise. Je ne cherche pas beaucoup l'amour, mais simplement de la compagnie.

Un jour, j'ai entendu parler d'un site Web dans lequel il était possible de rencontrer des gens du monde entier. Je n'y ai pas beaucoup réfléchi. J'ai fait un compte en une minute avec un surnom. J'étais très enthousiaste de voir ce qui allait se passer sur ce site Web. Une fois que j'ai cliqué sur le bouton en ligne, beaucoup de gens ont commencé à discuter avec moi. Les gens parlent de tout avec les autres. Nous avons tous partagé des images drôles d'animaux. Au début, je ne me sentais pas à l'aise de leur parler, alors je regardais leurs conversations sans répondre.

Mais tout à coup, un nom est apparu et a attiré mon attention sans raison. Peut-être parce que c'était un nom arabe ? J'ai ouvert la conversation, j'ai commencé à lui parler, et il était vraiment gentil avec moi. Il n'a pas trop flirté comme les autres sur des messages privés. Bilal est mon nouvel ami d'un site Web bizarre qui vit si loin de l'Égypte. Il n'est pas arabe, mais il porte simplement un nom arabe. J'aimais un gars avec une langue étrangère, des traditions différentes, un style de vie et une couleur de peau différents. Mais j'admets qu'il a son propre charme qui apparaît à partir de quelques mots à travers un clavier. Nous nous sommes habitués l'un à autre. Nous passions des semaines à parler tous les jours pendant longtemps de nombreux sujets aléatoires, et de nous-mêmes sans nous ennuyer. Nous avons commencé à faire des appels vidéo, nous avons établi une relation et nous ne l'avons même pas remarqué.

Nous avons donc partagé nos sentiments avec une langue étrangère. Aucun d'entre nous ne pouvait parler la langue de l'autre, ni même la comprendre (et il est vraiment difficile de ne pas savoir quand nous nous rencontrerions réellement ou nous toucherions l'un l'autre), mais seules nos âmes l'ont fait. Nous étions toujours en ligne, en tenant nos téléphones partout où nous allions. Cette période de ma vie a pris tellement de temps. Je savais que cela ne fonctionnerait pas avant la fin.

Je vis dans un pays arabe, où il peut être difficile de se marier avec un étranger. Mais je ne pouvais pas le quitter jusqu'à ce que je réalise que je ne faisais que rêver de ça. Un rêve qui ne pouvait pas être vrai, je pleurais pour dormir. Je souffrais de ne pas l'avoir rencontré et j'étais trop jeune pour avoir assez d'argent pour lui rendre visite. Mais j'ai fini par m'en aller sans revenir en arrière, et c'était si difficile pour moi. Il m'a dit qu'il ferait n'importe quoi pour rester avec moi et régler ces petits problèmes stupides. Mais j'ai choisi la façon la plus facile de vivre. J'attendrais le bon amour, facile qui ne me causerait aucun problème. Comme j'étais ridicule d'avoir laissé tomber.

Chapitre 2

Les premiers pas et pourquoi pas moi ?

C'est sur le site Plenty of Fish (POF) que deux de mes meilleurs amis ont trouvé le cœur de leur vie. Je suis conscient que cette expression – « le cœur de leur vie » – n'existe probablement pas vraiment. C'est l'un des « Andréismes » que j'ai mentionnés dans l'introduction, et considérant que le français est une langue vivante, l'homologation par le dictionnaire Larousse des « Andréismes » pourrait toujours suivre plus tard.

Si ça a fonctionné pour mes amis, pourquoi pas pour moi ? Je consulte souvent mes amis et leurs conseils. Bien que le monde de la fréquentation virtuelle m'ait jeté dans de nouvelles dimensions de la fréquentation moderne, j'ai encore l'impression de pouvoir m'intégrer si j'ai assez de courage, bien que je doive admettre que tout me semble nouveau.

Soyons francs. Sans aucune honte, je peux dire que je ne connais pas les règles ou les rencontres virtuelles. Autrefois, tout se passait dans un bar ou lors d'un rassemblement social. Une recherche de fréquentation était effectuée parmi les membres du sexe opposé qui étaient « physiquement » présents.

Nous pouvions voir chaque dame et son charme, admirer ses

mouvements, réaliser sa vivacité naturelle, anticiper son appétit, nous laisser conquérir par son « attrait sexuel », tester le nôtre, et enfin, le bonheur ultime, lui parler. Et la partie fascinante, la dernière mais non la moindre, était d'entendre le timbre de sa voix unique, la signature de sa personnalité.

C'est ce qui m'a échappé et me manque aujourd'hui, cette perte de fréquentation physique, que nous allons remplacer par un nouveau concept appelé la fréquentation en ligne. Je parle donc du virtuel comme s'il s'agissait d'un endroit précis sur Terre, mais nous savons tous que c'est rarement le cas.

Donc, pour certains esprits scientifiques, voici une métaphore. La fréquentation en ligne est comme une quasi-principauté virtuelle, en dehors de la réalité physique, avec trois dimensions régies par des règles et des dogmes qui leur sont propres. Nous devons nous adapter et agir en conséquence.

C'est donc devant un écran que nous devons deviner les dimensions et l'attrait physique de nos Roméo et Juliette désirés. Une tâche herculéenne ! Les charmes et les compatibilités amoureuses potentielles, ainsi que les photos et les descriptions de profil, sont les premiers et les seuls outils de sélection de la rencontre. Rien d'autre. Il semble que nous devons nous y habituer. C'est apparemment la nouvelle façon naturelle de rencontrer des célibataires dans la société d'aujourd'hui. Bon Dieu, je ne veux pas sombrer dans la nostalgie du passé, mais le bon vieux temps me manque déjà. Je peux encore le sentir et m'en souvenir.

Quoi qu'il en soit, aujourd'hui, soyons positifs en allant en avant. Ça ne peut pas empirer, n'est-ce pas ? Je décide de faire le premier pas, qui est de remplir mon profil sur le site. Je ne veux plus rester seul. Donc d'abord, je dois aller dans la bonne direction, avec le choix de mon surnom, mon nom d'utilisateur. Ce choix devrait éveiller la curiosité du sexe opposé.

J'aime la musique, alors essayons une option neutre comme Vivaldi17, une combinaison du nom d'un compositeur connu et plutôt baroque qui inspire des impulsions romantiques dans le sexe opposé. Ajoutez le jour de ma naissance et la première étape est terminée.

Quant à mon âge, je dois avouer que Mère Nature a été généreuse en ce qui concerne mon visage et ma physionomie. Personne ne peut deviner mon âge. Sans être prétentieux, je reste réaliste à mon sujet. Donc, un point pour moi dans ce concours de beauté entre les sexes. Voici comment se déroule le processus. En écrivant des phrases simples, j'ai quand même passé plus de deux heures à hésiter. Cette quête semble très prometteuse, mais est-ce qu'elle m'apportera le bonheur ?

VIVALDI17

Devise du profil :	Avez-vous rencontré votre âme sœur ?
Détails :	D'âge Vintage, homme, 6 pieds 2 pouces (188 cm)
Ville :	Montréal
Profession :	Professionnel
Éducation :	Maîtrise
Fume ?	Non
A des enfants ?	Oui
Personnalité :	Ouvert d'esprit
À la recherche :	Femme
Pour :	Une relation sérieuse
Situation familiale :	Divorcé
Race :	Caucasien
Boit de l'alcool ?	En société

Silhouette :	Normal
Animaux :	Non
Deuxième langue :	Français
Les drogues ?	Non
Cheveux :	Blond
Couleur des yeux :	Bleu
A une voiture :	Oui
Signe astrologique :	Vierge
Vous voulez des enfants ?	Non
Relation la plus longue :	Plus de 10 ans
Êtes-vous ambitieux ?	Oui

DESCRIPTION

- Comme vous, j'imagine que je cherche une relation sérieuse et à long terme. Mes passe-temps sont la cuisine, aller au cinéma et nourrir mon âme de bonne musique.

- Je me considère comme une personne très authentique dans le monde social exigeant d'aujourd'hui, où les normes évoluent constamment et reconnaissent une multitude de croyances sociales.

- De plus, je pense que je suis très bien développé et bien préparé, sur le plan relationnel.

- Je garde activement ma forme physique et mentale.

ATTENTES

- Pour moi, la clé d'une relation saine est de

garder l'esprit ouvert, de valoriser et de respecter nos différences, et d'accepter nos imperfections avant tout. Être honnête et respectueux est le fondement de ma vie.

- À mon avis, la patience est une vertu primordiale, tout comme le sens de l'humour. Un mélange des deux donne un partenaire presque parfait.
- Et si vous partagez ces croyances sur la vie, vous pouvez vous joindre à moi, dans mon espace de vie.

À midi, j'étais satisfait de mon travail de présentation. Ensuite, je choisirai mon image de profil où je souris et j'ai l'air décontracté, mais non négligé. Les femmes sont intuitives lorsqu'elles regardent des images. Je dois maximiser mes chances.

Une fois mon profil rempli, j'ai téléchargé mes données, y compris ma photo, sur POF. Une heure et quinze minutes plus tard, j'ai reçu mon premier message :

Le 7 avril à 13 h 15, Lessens69 a écrit :

Est-ce avant tout la recherche d'une relation ou le partage du plaisir humain ?

Merci de m'avoir éclairé.

Cynthia

Bon sang ! A-t-elle même lu mon profil, ou a-t-elle simplement regardé ma photo ? La description de mon profil m'a semblé claire. Je suis sûr que même Stevie Wonder aurait pu voir mieux qu'elle. Je me suis précipitée pour voir son profil et je me suis fait pincer au visage. J'ai été abasourdi par sa description :

« *Besoins du calme des grands espaces ou de l'activité des grands centres. Parfois, être une personne du matin et parfois, rester. Capable de brasser beaucoup d'air ou d'oisiveté, j'aime parfois les deux facettes de la même réalité.*

Un gars qui n'est pas trop parfait, la perfection souvent très ennuyeuse, avec qui partager nos énergies et les petites choses de la vie pour vivre des moments heureux et épicés ou des moments plus tristes si l'imagination ne suit pas. »

Oui, la vie n'est pas juste pour tout le monde. Certainement, je n'y suis pas allé, et Cynthia se réserve le droit de chercher le bonheur, nonobstant. Mais le jour où l'on décide de se rendre sur des sites de rencontre, il faut qu'on ravale notre fierté et qu'on laisse nos esprits être positifs, peut-être même gonflés d'optimisme.

Réussir à « feindre » une joie de vivre et la partager avec d'autres est la condition minimale. Mais parler d'ennui et de tristesse est un virage complet. Vous devriez vous garder d'une telle ignominie. Posez-vous les questions de base suivantes :

- Ne cherchons-nous pas à séduire un futur partenaire pour la vie, plutôt que de le chasser ?
- Ou, je me suis dit, pourrait-elle m'envoyer un message codé que je dois déchiffrer ?

Sa description ne me plaît pas du tout. Pas d'allure, pas d'épices ; peut-être trop honnête et pas assez magique ?

Mais je croyais toujours que Cynthia, aussi résignée et négative que son profil l'avait établie, méritait néanmoins ma réponse respectueuse. Rester respectueux, c'est ma passion pour la vie. Je ne veux pas nuire à son estime de soi, ou du moins à ce que j'aurais pu penser d'elle.

J'ai donc choisi une réponse basée sur la compatibilité physique, qui est, je pense, un concept universel et incontestable.

poursuivre une relation avec une personne incompatible, car une telle relation finira sans doute par être décevante. C'est pourquoi il est si important que votre profil reflète qui vous êtes.

André parle avec sagesse de ce point : si nos profils nous décrivent avec exactitude, nous pouvons éviter la déception inutile de rencontre nos rencards en personne, feindre une conversation bien organisée, puis terminer la soirée avec un rejet. L'honnêteté est une bien meilleure stratégie.

Si l'attractivité physique est importante, comment pouvez-vous la maximiser ? Ce n'est pas un mystère : manger sainement, s'entraîner et prendre soin de son corps comme du temple qu'il est. Lorsque vous choisissez votre image de profil, sélectionnez une photographie conviviale et bien éclairée qui affiche vos meilleurs attributs, mais qui n'est pas artificiellement embellie. Souriez, et restez droit.

N'oubliez pas que même si une personne ne vous trouve pas attrayant, il y en a beaucoup d'autres qui le feront. Tout le monde aime quelque chose de différent, et peu importe votre taille, la couleur de vos cheveux ou la circonférence de votre taille, quelqu'un là-bas attend quelqu'un comme vous.

Le point de vue de Leanne sur le 2ème chapitre : Une critique britannique vraiment innocente.

Ce que je trouve drôle dans la scène des rencontres, c'est la quantité de prétention qui est en cause. « Bonjour, je m'appelle Lord Lady. » C'est une blague de haut niveau, mais mes amis m'appellent Lee. Je suis au début de la vingtaine, je vis à Londres, en Grande-Bretagne, et je suis une écrivaine passionnée. Voilà les raisons pour lesquelles je devrais vous secouer.

Les gens parlent de rencontres en ligne comme si c'était différent de l'époque révolue où ils aspiraient désespérément. Lorsque l'homme dans le bar s'approche de la femme dont il aurait pour le moins envie de se réveiller à côté et d'annoncer qu'il a une rencontre imaginaire. Mais en vérité, les rencontres en ligne ont simplement simplifié le processus. Voici mes intentions, ce que j'aime et n'aime pas, et la meilleure photo de moi que je puisse trouver. Puis-je vous secouer maintenant ?

Je n'ai jamais eu le genre de regard qui a attiré l'attention d'une salle. J'ai un visage clair, ou du moins un amant me l'a dit un jour. Je n'ai pas vraiment reçu de messages sur POF (Plenty of Fish), jusqu'à ce que je mette à jour mon profil pour dire : « Je cherchais simplement quelqu'un avec qui « fumer un joint et me détendre », alors mon jugement est peut-être obscurci par ma jeunesse. Mais je ne peux m'empêcher de conclure que les personnes qui recherchent activement l'amour, plutôt que de simplement chercher un lien et attendre de voir ce qui se développe, sont naïves et vouées à l'échec. La pression sur l'autre personne de ne pas être parfaite – parce que personne n'admettrait le vouloir – mais d'être digne de votre amour, est trop forte. La relation se boucle avant même qu'elle ne soit vraiment même commencée. Mais pas dans 100 % des cas et je suppose que c'est ce qui donne de l'espoir aux gens.

La question est en elle-même une réponse et voilà ce que ça donne : le narrateur est un drôle de personnage. Prenez ça en compte, je dis ceci comme si je n'avais pas souffert du même malheur. Cependant, je ne peux pas m'empêcher de le trouver drôle. La façon dont il passe de l'hésitation humiliante d'être nouveau dans la scène des rencontres en ligne à finir par penser qu'il la connait assez pour qu'il se permette de critiquer des profils des gens en l'espace d'une heure et quinze minutes.

Le profil de Cynthia m'a paru comme un fabuleux spectacle d'honnêteté, avec plus qu'assez de paillettes. Mais c'est juste mon avis ... et voici un peu plus. Il était trop rapide à juger en partant du principe que sa réalité ne correspondait pas à la sienne. Mais cela dit, je n'imagine pas que les deux auraient été un bon match. Elle étant plus un esprit libre (ou du moins est-ce mon ressenti) et lui ayant un balai au cul.

J'ai une fois lu un article qui disait : « les gens que vous trouvez les plus ennuyeux sont ceux qui vous rappellent vous-même, de façons que vous n'aimez pas. » Ainsi, peut-être mon venin vers le narrateur montre plus de moi, que cela ne le fait de lui. Peut-être, la raison pour laquelle je trouve si facile à critiquer son engagement est parce que c'est un piège dans lequel je peux facilement me voir tomber.

Le point de vue de Yaël sur le 2ème chapitre : Publier un profil en ligne et la mentalité du Moyen-Orient.

Je suis Yaël. J'ai 26 ans, je suis de Tel Aviv, et j'ai trouvé l'amour avec les rencontres en ligne. En Israël (d'où je viens), les rencontres en ligne sont populaires dans certains cercles. Cependant, elle est perçue comme « boiteuse ». Pourquoi ? Elle est soit trop axée sur le sexe, soit trop basse et pas assez classe pour la plupart des gens. Même à Tel-Aviv, la ville la plus libérale d'Israël, les rencontres en ligne sont considérées comme l'une des deux ci-dessus. Israël est un petit pays, et tout le monde connaît tout le monde. Par conséquent, la première question que l'on pourrait se poser au sujet de votre profil en ligne (et peut-être pas au visage) est la suivante : « Est-il vraiment si difficile pour vous de trouver quelqu'un ? « Tu es intelligente, séduisante, tu as du succès - c'est trop désespérant. Personne ne veut être ce quelqu'un. »

Mais après un long moment de rencontres, vraiment désespérée de trouver quelqu'un avec qui me sentir naturelle, j'ai finalement décidé de le faire (secrètement, bien sûr, en priant fort pour que personne que je ne connaisse ne voit mon profil, jamais). J'ai créé mon premier profil de rencontre en ligne sur « OK Cupid », un site de rencontre en ligne populaire qui est considéré comme décent en Israël. J'avais tellement peur de ressembler à quelqu'un qui essaie désespérément. J'ai choisi une photo décontractée, j'ai arboré un grand sourire, j'ai écrit des notes au hasard à mon sujet - et j'ai attendu.

Quelques minutes plus tard, des douzaines de messages sont arrivés. Au moment où j'ai répondu, 10 nouveaux messages sont arrivés. Après seulement un seul jour après avoir posté mon profil, j'avais 300 messages qui m'attendaient de la part de centaines d'hommes. Devinez quoi ? J'ai répondu à TOUS. Le fait de se sentir désirée, d'être flattée et d'obtenir des demandes permanentes à satisfaire crée une dépendance. Vous voulez juste continuer à donner au public ce qu'il veut ! Il y a un sentiment d'amélioration, de supériorité et, bien sûr, de confiance.

Les applications de rencontres en ligne fournissent une plate-forme où les gens se sentent à l'aise de vous tendre la main, parce que nous sommes ici pour le même but, n'est-ce pas ? Pourquoi me sentirais-je rejetée ici ? Comment pourrais-je ? Et même si je le fais, ils ne se souviendront pas de moi de toute façon.

La perspective d'André révèle le désir réel de chacun : se sentir aimé et désiré, se faire remarquer, et enfin, trouver un amour durable. Alors, qui s'en soucie ? Qui se soucie de savoir si les rencontres en ligne ne sont pas aussi sexy et dynamiques que de rencontrer quelqu'un en dehors du web ? Qui se soucie des normes de la société (qui devraient toujours être remises en question et contestées) ? Qui se soucie si quelqu'un pense que les rencontres en ligne sont boiteuses, alors que c'est peut-être le chemin qui vous mènera un peu plus près de trouver votre meilleure moitié ?

Dans cette histoire (ma propre histoire), les rencontres en ligne m'ont permis de regagner la confiance que je n'avais pas en moi. Enfin, je me suis rendu compte que tous les chemins vers l'amour sont égaux, libres de jugement et de préjugés, en ligne et hors ligne. Me faire remarquer par tant d'hommes qui m'ont trouvée attirante, tant à l'extérieur qu'à l'intérieur, m'a donné la confiance dont j'avais besoin pour marcher, forte, à tous les niveaux.

Le point de vue de Zak sur le 2ème chapitre : Qu'est-ce qui a changé dans le monde des rencontres ?

En tant que femme d'une vingtaine d'années avec des racines culturelles profondes et des influences en Asie, ce chapitre fournit un point de vue intéressant sur la façon dont le monde des rencontres a évolué (ou plutôt, a radicalement changé). Pour quelqu'un d'aussi jeune que moi, les rencontres virtuelles sont la norme, et c'est ainsi que beaucoup de gens trouvent leur partenaire aujourd'hui.

Toutefois, divers points soulevés par l'auteur dans le chapitre 2 ne peuvent pas non plus être ignorés. En le comparant avec les rencontres physiques traditionnelles, il est évident qu'il ne semble pas idéal. En même temps, il est également intéressant de noter que les rencontres en ligne offrent de nombreux avantages et qu'elles peuvent ne pas être aussi mauvaises que l'auteur l'a illustré.

Ce que je pense est que les rencontres virtuelles permettent aux gens de montrer leur vrai soi intérieur sans avoir à se soucier des jugements faits par l'autre partie impliquée dans le processus de rencontre. La discussion par texto ou par courriel est très différente de la discussion face à face, et les gens décident souvent de garder diverses pensées et commentaires pendant cette dernière forme de communication.

Cependant, comme les gens sont généralement assis à des kilomètres pendant les rencontres virtuelles, ils se sentent plus libres de s'exprimer librement dans une telle situation. De plus, trouver un partenaire idéal peut être une expérience douloureuse pour certaines personnes, comme les introvertis ou les personnes ayant des problèmes d'anxiété. Mais l'expérience peut être facilitée par la rencontre virtuelle, puisque la dynamique de ce type de rencontre est assez différente.

Bien que Cynthia semble être un personnage étrange, elle ne mérite pas de la haine pour ce genre de personnalité. C'est un aspect des rencontres virtuelles où les gens ne ressentent pas le besoin de simuler leur personnalité, puisqu'ils sont en contrôle total de leur vie privée.

Ce que cela signifie est que les rencontres en ligne rendent le processus de rencontre plus facile et plus confortable pour un grand nombre de personnes qui cherchent vraiment à trouver des partenaires de rencontre. Ainsi, les rencontres virtuelles peuvent être complétées par des rencontres physiques par la suite pour enrayer certaines critiques.

Le point de vue de Michelle sur le 2ème chapitre : Qui croire et quelle leçon suivre ?

Je suis dans la trentaine et je vis au Nigeria, en Afrique. La lecture du chapitre 2 sur Cynthia et Betty m'a rappelé la situation semblable que j'ai vécue avec mon meilleur ami. Vous souvenez-vous des interrogations d'André sur ses premières rencontres ? Devinez quoi : j'ai eu la même chose avec ma chère Sandy. Mon amie chérie depuis le lycée, je me souviens avoir été au téléphone avec Sandy (qui avait prouvé à maintes reprises qu'elle n'était pas bonne à entretenir des relations) en me racontant comment elle avait rencontré un nouvel homme - qu'elle a peint dans toutes les nuances de couleurs vives - me faisant croire qu'il était « l'homme idéal qu'elle attendait. »

Sandy n'arrêtait pas de parler de lui, et la question suivante que je lui ai posée était où ils se sont rencontrés. Je fantasmais d'avance sur un million d'endroits où ils auraient pu se rencontrer quand je pensais à la façon dont elle parlait de lui. « En fait, nous nous sommes rencontrés sur un site de rencontre », rigole-t-elle. J'ai été surprise et cela m'a fait jeter beaucoup de questions (auxquelles elle n'avait pas vraiment réfléchi). « Je ne saurai jamais », me dit Sandy. « Jusqu'à ce que j'essaie. » Alors j'ai soupiré et je lui ai conseillé de faire attention quand même.

Franchement, je n'ai pas été surprise quand Sandy et moi avons discuté de ce même sujet pendant la pause. Seulement cette fois-ci, ce n'était pas aussi intriguant que la dernière fois que nous avons pu en parler. Sandy m'a avoué sa profonde déception concernant l'homme qu'elle pensait connaître. « Tu sais que je t'avais prévenue contre ça, mais tu ne voulais pas écouter », je détestais le dire, mais j'ai dû le faire.

Crois-moi, je ne suis pas contre les sites de rencontres, et je ne suis pas à l'aise avec l'idée non plus. Au fil du temps, j'ai juste gardé beaucoup de souvenirs concernant les sites de rencontres, en partie personnels, et d'autres se composant de diverses discussions avec plusieurs femmes qui ont partagé avec moi les pièges dans lesquels on peut facilement tomber en utilisant des sites de rencontre virtuelle sans une connaissance préalable approfondie. Quand j'ai eu a écouté mon amie parler de son expérience avec cet homme sur ce même site de rencontre, je me suis sentie indignée qu'elle ait dû traverser tout ce que Sandy a traversé parce qu'elle n'avait aucune idée préalable de la façon dont ces sites de rencontres sont gérés.

Mon but pour l'écriture de ces histoires décrivant des rencontres sur Internet, comme je l'ai déjà mentionné plus tôt, n'est pas de susciter de la haine envers les sites de rencontre, mais de souligner correctement certaines règles guidant et évitant les idées fausses derrière ces sites de rencontres virtuels. Ainsi, cela inclut des choses simples que vous ne vous seriez pas dites avant de vous embarquer sur un site de rencontre, à moins que vous ayez à l'apprendre vous-même, qui habituellement ne finit pas bien si appliqué à tort.

Croyez-moi, les sites de rencontres peuvent être amusants si vous connaissez les règles de base et agissez en conséquence. Plus encore, ce livre de partage d'expériences de rencontres est un outil d'apprentissage important, rempli d'enseignement surprenant concernant les sites de rencontres virtuelles. Il est également composé d'humour subtil et de tactiques simples, pour aider chaque individu dans sa recherche de l'âme sœur.

Le point de vue d'Andréina sur le 2ème chapitre : Se présenter comme il se doit est un défi en soi.

Je suis âgé de vingt-trois ans et je suis originaire de la Colombie, en Amérique du Sud. Écrire sur ma personnalité sur les sites de rencontres a toujours été difficile pour moi. Par exemple, je ne voudrais pas paraître prétentieuse en disant juste du bien à mon propos, mais je ne voudrais pas que les gens croient que je ne suis pas digne non plus. Trouver un vrai équilibre est difficile pour moi.

Un jour, ma cousine Estefania m'a dit qu'il ne s'agissait pas de me promouvoir, mais qu'il s'agissait de vendre l'idée que je suis plus que ce que je semble être.

Et cela me paraissait tout à fait logique, parce que les gens ont généralement une mauvaise idée de moi à cause de mon apparence. Je suis tombée sur l'idée d'écrire une description qui pourrait montrer aux autres que je ne suis pas qu'une jolie fille.

Le fait que je sois Colombienne attire généralement l'attention des étrangers. Même dans ma ville (Bogota), j'attire l'attention de nombreux hommes. Ils aiment mes courbes et mes longs cheveux. Ils disent toujours que je suis la plus jolie fille qu'ils aient jamais vue. Mais cela ne devrait pas influencer ma présentation en ligne. Cependant, ils pensent généralement que je suis le genre de fille qui utilise son corps pour accomplir des choses. Le genre de fille qui est stupide et vide. Ils pensent que je ne peux être utilisée que pour le sexe ou que je suis le genre de femme qui profite des hommes en échange de sexe.

Que je suis une prostituée. Je ne peux même pas coucher avec quelqu'un avec qui je ne partage pas de lien. Je ne suis pas ce genre de fille. C'est décevant quand les gars viennent me voir parce qu'ils pensent que je suis une prostituée. C'est pourquoi il est si important de décrire ma personnalité : parce que je n'ai pas la chance de me présenter dans la vie réelle.

Les gars font juste l'impression qu'ils veulent faire de moi juste après un regard unique sur moi. Mais ce n'est pas le cas quand il s'agit des rencontres en ligne. Les gens ne font généralement pas confiance aux autres en se basant uniquement sur leurs photos de profil. Ils sont un peu plus curieux. Ils veulent s'assurer que la personne sur cette photo de profil est bien réelle, alors ils lisent les profils cherchant à avoir suffisamment d'informations pour porter un jugement correct. En plus, personne ne veut perdre son temps avec quelqu'un qui ne veut pas les mêmes choses qu'il veut.

Donc, j'ai besoin d'exprimer mes intérêts. J'aime les bonnes séances d'entraînement à la salle gym et manger sainement. J'apprécie ma famille et mes amis au-dessus de tout autre chose. J'aime les chiens. J'aime cuisiner pour les gens que j'aime. J'aime faire de la randonnée le dimanche. Je cherche la bonne personne avec qui partager toutes mes passions. Je voudrais que les gars sachent que je suis plus que ce qu'ils voient. Et s'ils veulent bien m'écouter, j'aimerais bien savoir quel genre de personnes ils sont aussi. Comme vous pouvez le constater, me décrire sans paraître ringarde peut être compliqué. Mais je fais de mon mieux et jusqu'à présent, ça a plutôt bien fonctionné.

Le point de vue de Rose Lin sur le 2ème chapitre : La signification relative des profils de rencontres.

Je n'ai jamais vu de livre comme celui d'André. Il est passionné par sa recherche de son âme sœur et il se lance lui-même - clairement exposé - dans ce monde de rencontres en ligne. Au moins, il ne vit pas en Chine, comme moi.

Sa devise : « Pour moi, la patience est une vertu primordiale, tout comme le sens de l'humour. Un mélange des deux donnera un partenaire presque parfait. » Donc, je dirai avec mon expérience : n'importe qui tuera (pas littéralement) pour avoir un tel partenaire. Et finalement, certaines personnes finiront par venir chercher leur âme-sœur.

Mais revenons au chapitre 2.

Je pense que Cynthia est l'une des nombreuses personnes à la recherche d'amour en ligne, mais ne sait pas qu'il n'y a pas qu'un seul, mais de nombreux fruits interdits dans le paradis des rencontres en ligne. Vous pouvez rester authentique dans la vie réelle (désolée, traditionnelle) de la sphère des rencontres. Mais en ligne, vous devez être au moins « presque un partenaire parfait ». Les rencontres traditionnelles vous donnent la possibilité de grandir, mais les rencontres en ligne sont pour les vrais adultes.

Et puis il y a Betty. Mon genre de personne, je suppose ? Elle a la vitesse d'une gazelle, mais contrairement à elle, j'ai appris l'importance de ralentir et d'attendre.

Les enregistrements de discussion ci-dessus révèlent clairement le besoin exigeant de répondre à une norme universelle perçue dans le domaine des rencontres en ligne. Mais le pouvoir prédominant de la norme reste entre les mains d'individus dont le profil, ironiquement, vise à se vendre comme norme.

Je pense que la grande question est : la prochaine personne en ligne vous trouve-t-elle comme un produit digne d'être échangé ?

Le point de vue de Tania sur le 2ème chapitre : Le côté « Yang » de Cynthia et Betty existe.

Comme j'ai déjà trente-quatre ans et que je viens de Lisbonne, au Portugal, j'aimerais partager mon point de vue sur ce livre spécial. Quand j'ai lu la description de Cynthia, j'ai senti que c'était très Yin/ Yang : l'équilibre du Tao, et l'acceptation de la loi Tao qui dit que tout ce qui a une façade a un dos.

En fait, dans un monde où tant de gens vivent d'apparence virtuelle, c'est plutôt rafraîchissant de voir quelqu'un qui admet qu'elle a les deux côtés. Elle n'est pas toujours la personne heureuse et joyeuse. Qu'elle a aussi des moments tristes et que, pour elle, il est important que son âme-sœur soit avec elle dans tous ces moments.

C'est quelque chose de très important pour moi. Je peux être très introvertie parfois, surtout quand je suis un peu plus déprimée. Que ce soit dans l'amour ou dans l'amitié, les gens sont tout autour de moi quand je suis d'humeur festive, mais ils me mettent de côté quand je suis d'humeur plus réservée.

Heureusement, j'ai beaucoup d'amis qui acceptent vraiment mes deux côtés. De traîner avec moi même quand je suis d'humeur introvertie. Si je devais écrire ce que je cherchais chez un homme (et je l'ai fait sous la forme d'une lettre d'intention il y a quelque temps), étant quelqu'un qui est capable de partager non seulement mes moments les plus heureux, les plus positifs et agités, mais aussi mes moments sombres, mélancoliques et introvertis. Se sentir bien à mes côtés dans toutes ces situations est définitivement une priorité.

J'ai le droit d'être triste, et je dois dire que parfois j'aime vraiment être d'humeur plus mélancolique. En tant que personne qui croit que nous devrions apprendre à accepter et à gérer toutes nos émotions (à savoir comment les gérer au lieu de les réprimer), la description de Cynthia me semble être une présentation honnête. Et c'est bien si ça fait peur à certaines personnes. C'est probablement parce qu'ils ne sont pas les bons hommes pour elle et qu'elle n'est pas la bonne femme pour eux. C'est tout à fait normal, bien sûr. Un faux bonheur virtuel ne me séduit pas du tout.

J'ai l'impression que vous la congédiez à grande vitesse. Et Betty.... eh bien, nous avons un dicton au Portugal : « Elle a fait la fête, lancé les feux d'artifice et les a attrapés (« Je ne sais pas si le mot anglais pour cette partie est que les feux d'artifice tomberaient sur terre) ».

Mais l'idée est là : elle a fait toute la conversation et en est arrivée à ses conclusions toute seule. Je m'interroge sur ses insécurités. D'une certaine façon, elle a tendance à penser qu'elle dérange les gens immédiatement.

Le point de vue de Clara sur le 2ème chapitre : Premier essai en tant que femme innocente dans la vingtaine.

Mon expérience avec les rencontres / rencontres virtuelles en ligne est totalement différente de celle d'André. Comme André, je ne suis pas une grande fanatique des sites de rencontres. D'accord, les courtes relations de Cynthia et de Betty portaient leurs sens à titre de références comme enseignement de la vie. Les sites de rencontre ont leurs avantages (comme rencontrer plus de personnes en un rien de temps et se faire des amis en passant), même si vous ne trouvez pas votre âme sœur. J'adore rencontrer des gens dans la vraie vie et les voir dans leur comportement habituel, sans qu'ils essaient de m'impressionner ou de faire semblant de me plaire.

Parfois, ça peut être le contraire de ce que je recherche chez un homme, mais ça peut aussi devenir très séduisant. Pour rappel, dans la théorie des aimants: les côtés similaires se repoussent et les côtés opposés s'attirent. OK, revenons à mon expérience avant que j'aille dans la science que je ne maitrise pas bien (éclat de rire).

Mon expérience s'est produite sur Facebook. D'accord, ce n'est pas le site de rencontre de référence, mais croyez-moi, beaucoup de rencontres se produisent la dedans. On y rencontre beaucoup d'amis, de partenaires commerciaux potentiels et d'âmes sœurs. Je connais des tonnes de personnes (et d'amis) qui entretiennent des relations sérieuses avec des personnes qu'elles ont rencontrées sur Facebook, donc je ne peux commencer à énumérer. Mais il s'agit de mon expérience et non de la leur (petite grimace de la langue). Désolée, je blague beaucoup. Créer mon profil n'était pas hectique. Je ne savais simplement pas si je devais renouveler mon nom comme le faisaient les autres filles, car je ne voulais pas paraître superficielle, présomptueuse ou désespérée. Par exemple, des noms comme:

Nom complet: Clara White
Nom sur Facebook: boobilicioussandy4life

Je ne peux pas m'empêcher de me moquer de ce nom, et croyez-moi, je ne cherche pas à provoquer qui que ce soit. Ce nom vient juste d'être choisi au hasard. Alors, j'utilise mon deuxième prénom et mon nom de famille.

Voici mon profil:

Détails:	Femme âgée de 26 ans.
Taille:	5pieds 4pouces.
Ville:	Lagos, Nigeria.
Profession:	Ecrivaine / Entrepreneuse Indépendante.
Formation:	Licence en Sciences (communication de masse).
Fumeuse?	Non.
A des enfants?	Non.
Personnalité:	Ouverte d'esprit.
Recherche:	Hommes.
Pour:	Relation sérieuse.
Race:	Africaine.
Consommatrice d'alcool?	Socialement.
Physionomie:	Entre mince et potelée.
Animaux:	Pas actuellement, mais j'adore les chiens.
Deuxième langue:	Yoruba. «Je parle un peu français». (Très peu de français, je l'adore).
Consommatrice de drogue:	Non.

Cheveux:	Noir.
Couleur des yeux:	Marron.
A une voiture:	Non
Signe astrologique:	Capricorne.
Veut des enfants?	Oui.
Plus longue relation:	6 ans.
Êtes-vous ambitieuse:	Oui.
Hobbies:	Films, danse, musique, écriture, dessin et cuisine.
Vues religieuses:	Je crois en le Christ.
Citation préférée:	Ne jamais avoir peur d'essayer de nouvelles choses, les amateurs ont construit l'arche et les professionnels ont construit le Titanic.

Ouf! Terminé. Ensuite, je télécharge une image complète de moi, puis je prends une pilule de détente. Par pilule de détente, je veux dire me détendre et voir comment ça se passe. Le 15 mai, je reçois un message sur ma messagerie Facebook venant de Tim.

14h55 le 5 mai Tim :

Bonjour Clara, j'adore ton profil et j'espère que nous pourrons parler davantage si tu le souhaites. Tim

À la réception du message, je me précipite immédiatement sur son profil. Il était égyptien, 5 pieds 8 pouces. Bonne mine et cheveux bouclés, 30 ans et entrepreneur. Je trouve son profil intéressant, alors je réponds.

15h01 le 15 mai Clara :

Salut Tim, merci pour le message. Je trouve ton profil intéressant aussi. Résides-tu en Egypte?

Je pose la question parce que même si je trouve son profil intéressant, je ne veux pas d'une relation à très longue distance, peut-être juste une relation amicale. Mon téléphone bourdonne de messages, c'est Tim. Yaay, je me trouve très excitée.

15h06 15 mai Tim :

Salut Clara, oui, je réside en Egypte et je vois que tu résides au Nigeria. Mais pour moi, la distance n'est pas un problème parce que je recherche quelque chose de sérieux avec toi. Voyager au Nigeria n'est pas un problème pour moi. Peux-tu m'envoyer une photo récente? Tim

Je me lève pour danser en secouant mon boule sur une chanson imaginaire qui étourdit ma cousine avec qui j'habite (hee-hee). Je suis excitée parce que cela ne le dérange pas de venir dans mon pays juste pour me voir. Cela signifie qu'il est sérieux. Je dois vraiment apprendre à le connaître avant de commencer à fantasmer, alors je lui envoie une image complète, puis je lui demande de m'envoyer la sienne, qu'il envoie. Puis il m'envoie un autre message.

15h25 15 mai Tim :

Je dois avouer que j'aime ta couleur de peau, ton sourire et les formes de ton corps. Je ne veux pas me précipiter, mais penses-tu que nous pouvons entretenir une relation, parce que je commence à t'apprécier énormément. Tim

Immédiatement, je rougis à cause de ses compliments et mon instinct de cavalière commence à se manifester, alors je décide de ralentir un peu les choses.

15h30 15 mai Clara :

Merci pour les compliments. J'aime ton physique aussi. Oui, je crois que nous pouvons, mais d'abord, nous devons faire connaissance. Comment gagnes-tu ta vie?

15h35 15 mai Tim :

Bien comme tu peux te douter. J'ai un magasin d'articles de ménage et je dirige une entreprise familiale qui vend des carreaux. Que fais-tu présentement, s'il te plaît, envoie-moi ta photo.

J'ai répondu que je regardais un film et lui ai envoyé une photo. Je trouvais cela excitant et aussi suspect qu'il veuille autant de photos, mais je sentais qu'il voulait juste vérifier que c'était vraiment moi.

15h40 15 mai Tim :

Tu es vraiment une jolie femme africaine, avec un beau fessier et de belle hanches. Maintenant, j'ai hâte de venir à Abuja, au Nigeria. Seras-tu libre la semaine prochaine, je peux venir? J'aimerai passer trois jours avec toi seul. J'espère que ce n'est pas impoli de dire que je suis sexuellement attiré par toi. Tim

Maintenant, je commence à sentir qu'il est désespéré et poursuit autre chose. Mais j'ai appris à ne pas sauter aux conclusions, alors j'attends.

15h45 15 mai Clara :

Tim, ne penses-tu pas qu'il est trop tôt pour venir au Nigéria pour me voir. Tu ne me connais pas vraiment. Et si je ne corresponds pas à ce que tu recherches chez une âme sœur ?

15h47 15 mai Tim :

Je n'ai aucun doute Clara et ça ne me dérange pas de faire tout ce chemin pour toi bébé. Je vais réserver mon billet ce soir, si tu veux. S'il te plaît, je dois te laisser maintenant, mais envoie-moi encore une photo de toi, cette fois avec moins de vêtement sur toi. Tim

« Quoi! » *Je crie en lisant son message, faisant tomber la tasse de thé de ma cousine. Je me rends compte qu'il m'aime pour mon corps. Je ne dis pas que c'est mal d'être attiré par moi sexuellement (en fait c'est très important) mais demander des photos nues est irrespectueux. De plus, ma personnalité ne l'intéresse pas. Étant très offensée, je décide de mettre fin à la discussion.*

15h53 15 mai Clara :

Merci pour ton honnêteté Tim et moi aussi, je t'apprécie bien, mais je ne pense pas que cela puissent marcher entre nous par rapport à ce que je recherche chez un homme. Bonne chance pour trouver la femme de tes rêves.

15h55 15 mai Tim :

Qu'est-ce que j'ai dit pour t'offenser, ma Clara. S'il te plaît, donne-moi une autre chance de te prouver que je suis l'homme qu'il te faut. Je t'aime. Tim

Je lis son message mais je l'ignore et cette fois, je suis très irritée. Il m'aime ? Comment est-ce possible en moins d'une heure ? Il est évident qu'il veut juste du sexe. J'ignore son message et bois un verre d'eau.

Je joue à Billy Jean de Michael Jackson et, tout en écoutant, je trouve tout le scénario de Tim amusant. Je me trouve en train de rire. Un homme viendra-t-il vraiment jusqu'à un autre pays pour réaliser son fantasme sexuel ? Je suppose que je ne trouverais pas d'âme sœur aujourd'hui, alors je lâche mon téléphone et je regarde un film pour me vider la tête.

Le point de vue de Nio sur le 2ème chapitre : L'amour n'est pas un terme hétérosexuel exclusif.

Oh, Cher André, comme tu es admirable de pouvoir te décrire si parfaitement avec cette certitude. Je vis encore des moments où je n'ai aucune idée de ce que je suis ou de ce que je veux (même si j'ai une vingtaine d'années). Mais pour vous, je me suis rattrapé avec cette approche audacieuse. Très semblable à celle que j'ai utilisée (par hasard) sur des sites de rencontres en ligne comme Omegle, voici mon profil personnel :

Nom: Niobé Mariana, mais mes amis m'appellent Nio.

Age: 25 ans, de Caracas au Venezuela.

Statut: faire de mon mieux pour obtenir mon diplôme, j'ai passé les deux dernières années à me convaincre de terminer ma thèse, d'une belle carrière appelée : « Licence en arts audio-visuel ». J'ai épousé les arts et je n'ai pas épousé une personne, même si j'ai un prétendant, de mon âge, qui jusqu'à présent semble être « le partenaire idéal », et nous vivons en concubinage depuis quelque temps.

Comme il est difficile de reconnaître le véritable amour ! N'est-ce pas ? Tout comme cela vous est arrivé (et tant d'autres personnes), j'ai fait beaucoup « d'erreurs ». Je suis désolée, je vais corriger : « de leçons » parce que, comme vous l'avez dit, chaque expérience laisse une marque sur nous et nous rend plus fort.

Et, en fin de compte, la recherche de l'amour est aussi une recherche d'identité, ne pensez-vous pas ? Pour savoir avec certitude ce que nous voulons, il est nécessaire de découvrir exactement de quoi nous sommes faits.

L'un des conflits d'identité que je devais prendre en charge était mes préférences sexuelles. Depuis mon enfance, je me suis sentie attiré par le sexe opposé autant que le mien. Lorsque vous êtes jeune, vous n'avez aucune idée de la possibilité d'être bisexuel. En conséquence, j'ai écarté : « Puisque j'aime les hommes, je ne suis pas gay ».

J'ai donc décidé que j'étais hétéro et j'ai commencé à aller à la conquête de ces jeunes hommes que j'aimais. J'ai eu ce que je pensais être une idée »assez claire« de mes aspirations. L'homme idéal pour moi devrait être :

- *Beau*
- *Intelligent*
- *Drôle*
- *Honnête (et fidèle)*
- *Affectueux*

Mais avoir des objectifs clairs ne m'a pas aidé du tout. J'ai eu la malchance de tomber amoureuse de mecs qui avaient déjà une petite amie ou de mes meilleurs amis (qui n'ont jamais ressenti la même chose pour moi). Pendant plusieurs années, je suis devenue un exemple triste de ce que signifie « friendzone ».

Je suis arrivée à l'université et je me suis liée d'amitié avec Carla, une fille très ouverte. Comme ce fut le cas avec les hommes, après un moment d'amitié, j'ai commencé à penser que j'étais amoureuse d'elle. Dans une rare nécessité d'essayer le fruit défendu, j'ai eu mon premier baiser avec elle et après cela (bien que j'y aie pris plaisir), j'ai réalisé que ce que je ressentais pour elle n'était pas un amour véritable, mais une curiosité implacable.

Carla m'a fait penser que j'étais lesbienne, et que je devais changer ma zone de recherche du véritable amour pour le sexe féminin. C'est ainsi que j'ai commencé à naviguer sur le navire dangereux des sites de rencontres en ligne. J'ai fait mon premier profil homosexuel et la chasse a commencé. Mes aspirations étaient maintenant un peu plus matures (du moins, c'est ce que j'ai pensé). Ma femme idéale devrait :

- *Être mince, indépendamment de l'origine ethnique ou de la couleur de la peau.*
- *Assez intelligente pour pouvoir échanger des pensées et des préférences.*
- *Honnête, sans égard à la stricte fidélité, tant que les deux parties en conviennent.*
- *Avoir un bon sens de l'humour - puisque je suis une blagueuse.*
- *Être affectueuse, peu importe si elle tend vers une apparence plus féminine ou plus masculine.*
- *Avoir des objectifs dans la vie.*

Après beaucoup de naufrages, j'ai trouvé Amanda sur l'un des sites en ligne. Amanda était une approche assez précise de l'amour. Nous avons eu une belle relation qui a duré plus de deux ans et a pris fin quand elle a obtenu une bourse pour une université espagnole, devant quitter le pays. Pourtant, la rupture ne m'a pas brisée et cela m'a servi à réaliser que ce n'était pas l'amour non plus.

Pendant l'un des rencards que j'ai eus après la rupture, je fais la connaissance d'Ender. Un mec assez marrant avec des aspirations de photographe. Jusque-là, je pensais avoir l'esprit clair, mais c'est à ce moment que l'amour est arrivé et a roulé sur moi comme un camion. C'était si rapide que je ne pouvais même pas le voir venir.

Ender m'a hypnotisé immédiatement. J'ai totalement oublié ma prétendue homosexualité et toutes les exigences spécifiques que tout le monde devait avoir pour être mon partenaire.

Je sentais juste que je voulais être à ses côtés vingt-quatre heures sur vingt-quatre, sept jours sur sept, et cela me suffisait pour dire « oui ! » Quand il me demanda d'être sa petite amie, juste deux semaines après notre rencontre.

Nous nous connaissons mieux depuis. J'ai réalisé (Dieu merci) qu'il avait tous les attributs que je cherchais chez un petit ami. Avec lui, j'ai appris que la bisexualité est réelle, et c'est exactement comme ça que je me décris maintenant à ma famille et mes connaissances. Comme prévu, ils insistent sur le fait que je suis en réalité hétéro, que je traverse une juste phase.

Cela n'a pas d'importance. Il ne faut pas laisser les autres vous affecter pour ce que vous dites ou pensez. Ce qui compte vraiment, c'est de se sentir bien dans sa peau. Donc, ils peuvent dire tout ce qu'ils veulent, mais j'ai trouvé ce que je voulais : une relation sérieuse.

Le point de vue de Morgan sur le 2ème chapitre : Soyez prudent lorsque vous affichez votre profil.

Même si je suis au début de la vingtaine, j'ai vécu plusieurs années de rencontres en ligne. Mon surnom est Morgan. Je suis une jeune écrivaine, je suis née en Turquie et je vis aujourd'hui à Dubaï, aux Émirats arabes unis. Notre génération est née avec des communications en ligne, y compris diverses occasions comme des rencontres ou trouver l'amour en ligne. Bien qu'il comporte de nombreux avantages, il comporte aussi quelques inconvénients. André m'a demandé de partager ma part de leçons apprises, ce que je suis heureuse de faire.

D'abord et avant tout, faites attention à ce que vous partagez avec les autres. Gardez votre profil à portée de main. Vous ne voulez pas qu'un inconnu vous traque. Essayez d'être aussi conservateur que possible. Ne divulguez pas de renseignements personnels comme votre emplacement, votre numéro de carte ou les endroits où vous allez publiquement. Trouver quelqu'un de bon en ligne peut être très difficile, surtout si vous avez beaucoup d'attentes. Mais ne perdez pas espoir. Communiquez et rencontrez autant de personnes que vous le souhaitez. Si vous n'aimez pas quelqu'un, dites-le-lui et poursuivez votre recherche.

Les réseaux sociaux comme Facebook, Instagram et Snapchat sont parmi les sites les plus populaires chez les les jeunes. Evoluez dans votre cercle, cherchez ce que vous voulez et ne passez pas de temps avec des inconnus au hasard parce que vous vous sentez seul. Si vous aimez quelqu'un, dites-le franchement ! N'attendez pas la bonne occasion, car nous savons tous qu'elle ne se présente jamais. Essayez de ne pas vous laisser tromper par les regards. Vous pensez probablement qu'il est attrayant et qu'il a de beaux abdos, alors c'est l'homme parfait pour moi. Il semble trompeur ! Certaines personnes sont complètement à l'opposé de ce à quoi elles ressemblent, tandis que d'autres peuvent être belles à l'intérieur comme à l'extérieur.

L'un des inconvénients de la fréquentation en ligne, ce sont les faux profils ; ils sont partout, sur tous les sites, avec des détails et des images différents. Ce sont des jeunes femmes et des jeunes hommes, avec des images séduisantes. Il peut être difficile de les repérer, mais demandez-leur simplement une photo d'eux-mêmes pour prouver qu'ils sont vrais ou pas. S'ils hésitent, il y a de bonnes chances qu'ils utilisent l'identité de quelqu'un d'autre.

Ne partagez pas de photos explicites avec qui que ce soit. De nombreuses personnes dans les sites de rencontre demandent habituellement des nudes ou des photos explicites. Si quelqu'un vous le demande, veuillez le refuser. Vous ne voulez pas être exposé, surtout si c'est quelqu'un que vous n'avez pas rencontré ! Ces photos peuvent circuler sur le Web, et cela peut montrer une mauvaise image de vous. Gardez-vous en privé jusqu'à ce que vous ayez trouvé quelqu'un digne de confiance.

Maintenant, passons à la bonne partie des rencontres en ligne : comment réussir à trouver quelqu'un qui correspond à vos désirs. La communication est la clé ! Une fois que vous êtes lié à une personne décente, la meilleure chose que vous puissiez faire est d'en apprendre davantage à son sujet. Communiquer avec elle, lui demander comment était sa journée/nuit, lui demander ce qu'elle a fait de pire dans sa vie, lui demander combien de sarcasmes elle prend, quels sont ses projets d'avenir, etc. Plaisanter pendant que vous bavardez afin d'apprendre son sens de l'humour. Personne ne veut de quelqu'un d'extrêmement sérieux.

Renseignez-vous sur son passe-temps, ses faiblesses et ses forces. Vérifiez s'ils maîtrisent bien la colère ou non. Une fois que vous aurez fait tout cela, faites le nécessaire pour la rencontrer. Visitez-la ou son pays. Naturellement, un être humain se lie à vous s'il vous aime, et s'il ne vous aime pas, c'est tétanisant. Mais ne vous arrêtez pas là. Gardez vos communications en ligne constantes ; apprendre de nouvelles choses sur son partenaire ne fait jamais de mal.

Partagez vos vraies photos en ligne, ne vous faites pas de fausses images et ne simulez pas votre personnalité ou votre apparence. Vous ne voudriez pas que cela vous arrive, n'est-ce pas ?

Explorez et saisissez toutes les occasions offertes par ces sites de rencontres en ligne gratuits et ces applications. Vous n'avez rien à perdre ! Les rencontres en ligne peuvent être très surprenantes à certains moments. Vous pouvez trouver quelqu'un de complètement différent de ce à quoi vous vous attendiez, ou vous pouvez trouver quelqu'un qui répond à vos attentes. Avec les rencontres en ligne, il y a une relation à distance, et c'est là que les gens ont de la difficulté à la garder. Si votre partenaire s'intéresse à vous, il n'aura aucun problème à vivre une relation à distance. Ce n'est pas si difficile.

La loyauté et un lien solide aident.

Si vous êtes jeune et que vous cherchez des relations ou de l'amour, allez-y. De nombreux adolescents ont accès à des sites sociaux et à des applications de rencontre ; bien que leur limite d'âge soit de 18 ans, vous pouvez toujours essayer des applications sociales gratuites. Être mûr pour prendre des décisions et rencontrer les gens ; vous ne voulez pas être lié à la mauvaise personne. Si vous rencontrez quelqu'un de tout à fait nouveau, je vous suggère de rencontrer un ami dans un endroit public. De cette façon, vous ne subirez pas de préjudice.

Enfin, songez à fréquenter quelques personnes avant de vous installer avec quelqu'un dans une relation. Ne sautez pas directement aux rencards ou ne sortez pas. Allez-y doucement ; apprenez à les connaître. Si vos attentes correspondent, allez-y. Sinon, continuez votre voyage pour trouver l'homme qui vous convient.

Les rencontres en ligne, c'est comme enquêter sur un meurtre : vous êtes le détective, et vous trouvez des indices chez différentes personnes. Vous apprenez de nouvelles choses sur différentes personnes et, en fin de compte, vous attrapez le meurtrier.

Et c'est exactement ce que vous cherchiez !

Vous ne voulez pas tomber amoureuse d'un meurtrier.

Chapitre 3

Toujours lire le profil avant de répondre

7 avril - 15h37 Lilly1920 écrit :

Bonjour M. Charmant !

Je vous offre cette fleur en hommage à votre profil qui a su attirer mon attention et m'encourager à vous écrire.

Vos écrits sont vivifiants, et j'aimerais en savoir un peu plus sur vous !

Je cherche un partenaire de vie avec qui partager les grands et petits projets qui me viendront à l'esprit.

Et quel beau moment, en cette merveilleuse journée ensoleillée de fin d'hiver, pour découvrir cet homme hors du commun, et à qui je pourrais faire découvrir toutes les charmantes et petites attentions capables d'élever tous les plaisirs.

En fait, plus sérieusement, je cherche une relation à long terme, et j'ose croire qu'il y a une personne avec qui il sera possible de construire de merveilleux souvenirs qui embelliront nos esprits.

Donc, si vous êtes intéressé à prendre contact pour

découvrir nos affinités, je me ferai un plaisir de vous répondre.

Au plaisir de vous lire,

Isabel

Enfin, une âme charmante qui n'a pas peur de s'exprimer librement avec des qualités dignes d'un potentiel écrivain. Je me pose la question, légitime à mon avis : à combien d'hommes a-t-elle envoyé ce message, presque trop parfait pour être spontané ? Est-elle ma partenaire ? Est-elle aussi belle que son œuvre ?

Parfois, il faut prendre des risques dans la vie et croire. On ne sait jamais. Elle est peut-être cette perle rare que je cherche.

Je retourne à son profil pour trouver des informations supplémentaires. Elle mesure 1, 65 m, la limite minimale pour mes 1,88 m. C'est une limite que je me fixe - tout à fait volontairement, je l'admets - mais à laquelle je tiens. La seule photo sur son profil est un peu floue. Il montre un visage mignon et basané, mais je ne peux pas voir clairement ses traits.

Je n'ai pas honte de le dire ou de l'écrire : pour moi, l'apparence physique est un critère important d'attraction. L'attraction naturelle et humaine doit être présente pour ne serait-ce que pour considérer toute relation. Mais bonté divine, ne suis-je pas à la recherche de mon âme sœur ?

Je réponds à Lilly1920 après une longue réflexion, trop longue peut-être pour un homme mature parce que ma réponse est assez courte.

7 avril - 17 h 12. Vivaldi17 écrit :

Bonjour Isabel,

Merci beaucoup pour cette belle présentation. Qu'est-ce qui vous a incité à lire mon profil ?

Je vous remercie, André.

En attendant une réponse de Lilly1920, je regarde attentivement un second message, celui-ci de la part d'une certaine Airelle007.

Il est important de ne pas perdre votre temps dans ce nouveau monde virtuel de rencontres. Tout est instantané et tout, semble-t-il, doit être consommé sur le coup. Au nom du progrès, j'adapte donc mon comportement à l'époque parce qu'une absence de réaction immédiate peut signaler un manque d'intérêt et entraîner une occasion manquée. Mais, bien sûr, la question demeure : S'agit-il vraiment d'une véritable opportunité ?

7 avril - 15h39. Airelle007 écrit :

Bonjour Vivaldi17,

Je vous envoie un premier message pour vous contacter. Je trouve votre profil intéressant. A plus tard, Zoe.

Je commence à apprécier cela. Il m'a fallu du temps pour rédiger mon profil, néanmoins ce que j'ai écrit semble fonctionner. Après tout, je suis en conversation avec deux femmes simultanément ! Je me sens comme un adolescent, mais je ne dois pas perdre le sens des proportions.

« Être » dans l'espace virtuel, c'est comme jouer avec des objets sans âme. La vraie nature - la dimension humaine - derrière tous ces profils, y compris le mien, reste à découvrir. Les dangers inhérents à cette incertitude initiale expliquent pourquoi tant de femmes doivent se présenter anonymement sur les sites de rencontres en ligne. J'ai compris et, les pieds sur terre, je réponds :

7 avril - 17 h 17. Vivaldi17 a écrit :

Merci, Zoe.

Qu'est-ce qui vous attire dans mon profil ?

André

7 avril - 17h27. Airelle007 a écrit :

J'aime le fait que vous mentionnez que vous êtes stable sur le plan émotionnel et que vous êtes indulgent.

Vous avez l'air d'un homme équilibré et vous vous sentez bien.

Je me suis aussi accroché à la phrase qui dit que vous aimez cuisiner.

Vous semblez être bien cultivé et intéressant.

De plus, je trouve votre visage attirant.

Je pense que c'est beaucoup de points positifs, n'est-ce pas ?

Et que vous dit mon profil sur moi ?

Zoe.

Une excellente réponse. D'après son profil sur POF, elle semble charmante. Un beau visage asiatique avec l'aura d'une femme mature. Elle a l'air plus jeune que son âge. J'ai été rapidement séduit, ou devrais-je dire « courtisé » ?

Puis, comme je l'ai lu plus loin, un problème. Oh, non ! Elle ne mesure que 1,55 m. Mon vrai préjugé d'homme des cavernes prend le dessus. J'aurais vraiment dû regarder son profil avant de répondre immédiatement. Les acrobaties du Cirque du Soleil ne sont pas mon truc. Je crains de devoir battre en retraite à la hâte, sans offenser cette charmante personne.

7 avril - 17 h 33 Vivaldi17 a écrit :

Bonjour Zoe.

Ce site est une vitrine. Comme vous le savez, derrière nos profils se cachent de vraies personnes.

Je viens de regarder votre profil, et je vois un grand défi physique de taille (ne voulant pas jouer avec les mots). Nous avons plus de 30 cm de différence.

Qu'en pensez-vous ? Andre.

Sa réponse ne tarde pas.

En ouvrant son message, j'espère qu'elle comprendra l'impossibilité de la chose entre nous. 30cm, c'est comme l'Everest pour moi. J'aime bien regarder les yeux dans les yeux - ou du moins à proximité - et ne pas être regarder de si haut. Je ne veux pas risquer une entorse au dos, un torticolis ou une lombalgie. Après un certain âge, il faut faire attention à son dos.

Mais quand je lis sa réponse, je constate, hélas, qu'elle ne comprend tout simplement pas.

7 avril - 17h47 Airelle007 a écrit :

Je comprends que c'est beaucoup, mais je suis jolie et je sais comment porter des talons.

Comme le dit un ami, « Ce que vous cherchez vous trouvera toujours si vous persistez », ce que je ne cesse de me répéter depuis que je me suis inscrite sur ce site. Ce n'est pas une chose évidente à mettre en valeur, mais dans la société dans laquelle nous vivons, rencontrer des gens intéressants est un défi.

Lamartine a écrit : « Une personne te manque et la vie est un désert. »

J'ai des amis et une famille, mais j'aimerais partager ma vie avec un homme qui veut s'impliquer et partager de beaux moments. Je pense que c'est plus intelligent de faire des choses ensemble. Comme tout le monde, j'adore le cinéma. Le dernier film que j'ai regardé était « The Golden Lady (La Dame d'Or) ».

Je l'aime bien. J'adore regarder des émissions (ce que je fais régulièrement). J'apprécie les spectacles humoristiques plus que ceux de musique populaire ou classique. J'aime presque tous les genres musicaux. Bref, je suis assez polyvalent dans mes goûts. Le monde est vaste et les voyages m'attirent.

La France reste ma destination préférée ! Bonne cuisine et bon vin : miam !

Zoe

J'ai relu sa réponse plusieurs fois, essayant de trouver des idées sur la façon de terminer cette conversation avec élégance. Mais, c'est difficile. Je ne trouve aucune lacune apparente dans sa présentation ou dans sa réponse.

La difficulté peut, bien sûr, être avec moi. Je me connais, et je suis mal à l'aise avec la différence radicale de taille. Je me demande si je ne suis pas devenu, avec le temps, trop vieux pour ces jeux de rencontres. Qui sait ?

En fin de compte, la seule façon de s'en sortir est peut-être de feindre le manque d'intérêt, ce qui est vraiment faux. Je lui envoie un copié-collé de ma réponse précédente à Lessens69.

7 avril - 18h17 Vivaldi17 a écrit :

Merci, Zoe, pour ton message. J'ai visité votre profil. Comme vous le savez, le but d'une approche sur ce site est de reconnaître une attraction physique mutuelle. Cependant, je ne pense pas que ce soit le cas. Pour moi du moins.

Cordialement, André.

Leçon évidente apprise : N'oubliez pas de regarder en détail le profil de la personne qui écrit avant de répondre aux courriels !

Je suis sûr qu'il y a plus à apprendre de mon bref échange avec

Zoe, mais j'ai passé 5 heures sur ce site et il y a déjà cinq autres messages en attente. Ma confiance revient. C'est une très bonne moyenne par heure. Vive Internet !

Des cinq, il y en a trois que je préférerais oublier, une à découvrir et une à qui répondre plus tard.

Mais Isabel (Lilly1920) ne fait pas partie du lot. Isabel - elle aux traits flous et à la peau d'olive que je ne peux pas placer en Afrique, en Asie ou au-delà - a-t-elle eu des doutes ? J'ai hâte de savoir.

L'Internet rétrécit notre planète, rapprochant les âmes lointaines et, ce faisant, élargit exponentiellement nos possibilités de rencontre. Est-ce pour le mieux ? Je pense que oui. Le seul obstacle à la rencontre de personnes de toutes sortes est notre propre esprit et notre capacité à rester ouvert d'esprit.

Mais maintenant, parce que je n'ai pas eu de nouvelles d'Isabel, mon esprit s'emballe, ses mots bien structurés résonnent dans ma tête. J'entends le charme du classique de Carlos Santana, « Black Magic Women », qui bouillonne dans mon esprit, mais les paroles, cette fois, sont les miennes :

Je tourne le dos, chérie.

En parlant de retour, je fais attention au mien.

Alors, malgré vos promesses de bonheur,

Votre infinie gentillesse,

Votre infinie profondeur d'âme,

Et vos talons hauts,

Je passe outre ma stupidité pour un autre appel !

Et c'est là que réside le danger.

Une autre leçon apprise : Ce n'est peut-être pas les rencontres en ligne que nous devons craindre, mais plutôt les acrobaties mentales et émotionnelles souvent ridicules auxquelles nous nous adonnons au fur et à mesure que nous les poursuivons ! Je pense qu'il est peut-être temps de sortir de la pente glissante des échanges virtuels et de se tourner vers le terrain solide de la vraie vie et des rencontres en temps réel. Mais avant de plonger dans cet abîme, j'ai le sentiment que je ferais mieux d'avoir un plan.

Le point de vue de Debrillyn sur le 3ème chapitre : Ma feuille de route pour une rencontre enrichissante.

Les rencontres en ligne pour une jeune femme ayant la vingtaine venant du Texas au États unis d'Amérique, comme moi, ont été un outil instrumental pour rencontrer beaucoup de gens et étendre mon horizon de possibilités pour trouver mon âme-sœur. Cependant, nous avons besoin d'être prudents parce que certaines personnes envoient des messages gênants qui sont quelques fois irrespectueux. Le profil est très important, car il donne un aperçu de la personne. Mais, même si la personne correspond à votre profil idéal en termes de poids, de physique, de goûts, de loisirs et autres, celles de la chimie et la compatibilité ne peuvent pas être garanties.

J'ai eu quelques rendez-vous avec des hommes que j'ai rencontrés en ligne. Mais pour moi, la chose la plus importante est de garder votre patience. Rencontrer quelqu'un en ligne pour la première fois et avoir une courte conversation vous permet de savoir s'il y a une chimie et un flux palpable, sinon cela élimine instantanément tout espoir de sortir. Je peux vous assurer : je peux me faire une opinion de la personne en bavardant pendant plusieurs jours ou semaines pour discerner les caractéristiques d'un partenaire idéal ou non. L'attitude exprimée est comme une fumée visible, il est donc difficile de se cacher. Si une personne est un abruti, ou quelqu'un sans morale, cela ne serait pas difficile à repérer avec le temps.

La rencontre en ligne (bien que virtuelle) est très similaire à la rencontre réelle. Les sentiments doivent être développés, et doivent être mutuels pour avoir de la chance. Quelques fois, vous voyez juste la photo de profil de la personne et vous avez instantanément cette attirance. Mais si la personne ne ressent pas la même chose, c'est mieux de juste la laisser partir.

La prochaine étape pour moi après avoir développé une forme d'amitié à travers la plateforme en ligne est de rencontrer la personne physiquement. Le plus souvent, pour le premier rendez-vous je choisis quelque chose de léger. Nous pourrions simplement prendre une tasse de café et profiter chacun de la compagnie de l'autre. La plupart du temps, c'est plus facile pour moi de profiter de la rencontre parce que nous devons d'abord avoir autant de plaisirs en personne comme on a eu en ligne ensemble, avant d'arriver à ce niveau. La mésaventure ici peut être occasionnelle, puisque les gens peuvent être totalement différents à ce que vous imaginez au moment où vous discutez avec eux en ligne. Si je me retrouve en situation désagréable, rien ne se matérialiserait pour plus loin que ce rendez-vous.

Les rencontres virtuelles peuvent être surprenantes et je suis fière de le dire j'ai fait quelques rencontres de rêve en ligne. De mon expérience, les rencontres en ligne ont évolué au fil du temps et ce n'est plus la même chose aujourd'hui que ça l'était avant. C'est maintenant une industrie de plusieurs milliards de dollars. Un pourcentage significatif de couples Américain ce sont rencontrés en ligne, et je suis actuellement dans une relation sérieuse avec quelqu'un que j'ai rencontré en ligne.

Le problème est que beaucoup de personnes font semblant d'être quelqu'un d'autre, ce qui ne correspond pas toujours à la réalité. Les photos de profils et autres détails à propos de la personne peuvent être totalement trompeurs. Il est important d'être prudent à la façon dont vous traitez avec les personnes que vous rencontrez par le biais des rencontres en ligne.

Habituellement, il est toujours bénéfique de faire des appels vidéo pour se voir et prendre beaucoup de temps avant de rencontrer la personne. Être sincère avec soi même lorsqu'on traite avec une rencontre en ligne est également un élément essentiel, parce que cela m'aide à savoir si l'autre partie m'admire ou m'affectionne juste comme une simple personne.

Le point de vue de Clara sur le 3ème chapitre : Lisez attentivement le profil, ligne par ligne.

J'essaie actuellement de surmonter ma première mésaventure à propos de mon profil sur les sites de rencontres en ligne, tout en travaillant sur mon ordinateur et en prenant ma tasse de café du matin. Croyez-moi, je ne peux pas me passer de mon café noir. C'est comme de l'essence pour mon moteur. Très bien, revenons à mon ordinateur. Alors que j'admire ma tasse de café, un message apparaît sur mon écran : Facebook Messenger. Je jette mon café et fouille en ligne, comme un chien à la poursuite d'un os (cependant pas aussi dramatique).

8h00 Le 16 mai, Jean écrit :

Bonjour Clara, je trouve votre profil très intéressant, d'autant plus que nous partageons des points de vue similaires. J'aimerais vous parler davantage.

J'ai remarqué qu'il l'avait envoyé à 8 heures, et il était déjà 9 heures. Et d'après la photo, je peux voir qu'il est très, pour ne pas dire extrêmement, mignon. Est-ce que je peux lire son profil maintenant ? Je vois que nous avons le même jour d'anniversaire, mais je ne peux pas finir parce que le temps passe dans ma tête. Oh mon Dieu, et s'il pense que je ne l'aime pas, alors je réponds.

9h01 Le 16 mai, j'écris :

Salut Jean, désolé pour la réponse tardive. Je viens juste d'allumer mon ordinateur. Oh, je vois que nous avons la même date d'anniversaire. Alors, quelles sont les autres choses qui vous intéressent ?

En attendant sa réponse, je passe en revue son profil, mais d'abord les photos. Rapidement, je me retrouve à Hawaii avec John. C'est un concentré de sex-appeal. Dire qu'il peut devenir mon chocolat chaud personnel. Il a la peau foncée, la poitrine large, 1,72 m, et son sourire est à couper le souffle. Je contemple surtout la photo où il est torse nu et je me mets à rêver que je suis entre ces mains. J'ai remarqué qu'il avait répondu, donc je passe rapidement en revue le reste de son profil et c'est là que je tombe violemment des nues.

C'est un ATHEE. « Noooooooooooooooooooooooooooooooon ! »

9 h 05 Le 16 mai, Jean écrit :

Salut, Clara. Merci d'avoir répondu. Je commençais à croire que vous ne m'aimiez pas. Je trouve le fait que vous êtes une artiste à votre façon très attirant, et je pense que nous pourrions être des âmes sœurs. Alors, qu'est-ce que vous aimez chez moi ?

J'aimais tout de lui, mais sa croyance est un revirement pour moi. Alors, je décide d'être honnête avec lui. J'espère juste qu'il ne le prendra pas mal ou qu'il ne se sentira pas offensé.

9 h 10 Le 16 mai, j'écris :

Salut, John. Sincèrement, j'aime tout de votre profil, surtout vos photos, oh mon Dieu. Mais nous partageons des croyances différentes. Je suis chrétienne et vous êtes athée. Croyez-moi, je respecte vos croyances, mais je ne pense pas qu'on puisse être des âmes sœurs. Merci de m'avoir contacté.

Je lèche à nouveau mes blessures. J'aurais dû lire son profil avant de répondre. Maintenant, je me sens vraiment bête. Quoi qu'il en soit, j'espère qu'il y aura d'autres chocolats chauds à l'avenir.

Le point de vue d'Helen sur le 3ème chapitre : Se rappeler en tout temps, de bien lire le profil.

Venant d'Alaska et étant au début de la trentaine comme la génération férue de technologie, il y a de nombreuses raisons pour lesquelles une personne choisirait de faire des rencontres plutôt en ligne qu'en personne. Après tout, la rencontre en ligne est basée sur la planification de votre propre vie, et peut être aussi personnelle ou impersonnelle que vous voudriez qu'elle soit.

La rencontre en ligne peut être un excellent moyen de connaître quelqu'un sans avoir à révéler une grande partie de votre vie tout d'un coup. Avec la confidentialité qu'offre internet, vous pouvez garder certaines informations personnelles de vous jusqu'à ce que vous vous sentiez plus à l'aise, ou jusqu'à ce que vous ayez le sentiment que vous connaissez mieux quelqu'un. Il est important de garder à l'esprit que tout le monde sur les sites de rencontres n'est pas authentique.

Aborder la rencontre en ligne avec un air de prudence ; assurez-vous de ne pas révéler des détails à propos de votre localisation ou d'autres informations qui pourraient rendre facile pour une personne de vous trouver. Même si vous avez choisi de mieux connaitre une personne, laissez le processus prendre son temps et les informations à partager se révéler graduellement, une à la fois.

De mon expérience passée sur les sites de rencontre, je n'ai jamais réellement eu le temps de lire les profils des gens. J'ai préféré me faire une idée d'eux en regardant leurs photos de profils. Cela n'était pas une bonne idée, comme je l'ai appris dans l'échange suivant:

15 Avril, 14:25; Franck a écrit :

Salut, comment vous allez ?

Sans lire son profil, j'ai répondu instantanément.

15 Avril, 14:26 ; Helen

Salut Franck, merci d'avoir visualisé mon profil et d'avoir trouvé un quelconque intérêt. Pouvons-nous mieux nous connaître?

15 Avril, 14:27 ; Franck

Merci pour votre réponse Helen. Je suis un type timide et je ne connais habituellement pas comment commencer une conversation, particulièrement avec les femmes. Je suis un entrepreneur qui travaille comme un indépendant avec plusieurs industries et mesure 7'2 » qui aime être romantique avec la femme de ses rêves, et je pense nous nous entendrons très bien puisque vous êtes également une indépendante.

J'ai dû mettre une FIN IMMÉDIATE à la discussion pour ne pas perdre plus de temps. Je n'aime pas un homme de cette taille ridicule. 7'2 » ?! Pas pour moi. Merci. Et je ne peux pas sortir avec une personne indépendante parce que je le suis, également, je sais que se sera mauvais.

15 Avril, 14:30 ; Helen

Merci pour cette brève introduction. En fait, vous avez une formidable personnalité. Mais je ne peux pas construire ma relation sur le concept d'indépendance. Cela sera un tel désastre à ne pas considérer. Merci de m'avoir montré un intérêt, c'était une discussion enrichissante.

Donc, j'ai appris qu'il est préférable de lire le profil en premier !

Le point de vue de Kata sur le 3ème chapitre : Qu'est-ce qui compte le plus, notre taille ou la simple vérité ?

Tout d'abord, j'aimerais me présenter comme une Hongroise d'une vingtaine d'années (venant de Budapest en Europe) qui a beaucoup voyagé et vécu à l'étranger. Si j'avais lu cela il y a quelques années, j'aurais roulé des yeux - parce que vraiment, vous aimez quelqu'un en fonction de tout sauf de sa taille ? A quel point êtes-vous superficiel ?

Mais j'ai été dans les mêmes cas. Je suis une énorme et courte femme de 1,60 m, donc quand je vivais dans certains endroits de notre belle et grande planète, même la plupart des femmes semblaient me dépasser. J'imagine à quel point j'étais petite comparé aux hommes. Oui, courir après M. Papa - longues jambes pendant qu'il se promène dans la rue.

Cependant, la taille n'est pas toujours la seule chose à considérer avec soin. Au moins en public cela peut être corrigé (les talons sont les meilleurs amis des femmes, après tout). Eh bien, les affaires de chambre peuvent être gérées à coup sûr. Mais parfois, vous pourriez rencontrer des obstacles auxquels vous ne vous attendez même pas - et simplement parce que vous êtes trop paresseux pour monter les lignes de couple que les gens utilisent pour agréablement se décrire. J'ai remarqué quelque chose dont la plupart d'entre nous aiment se vanter : les compétences. Et ça peut être formidable quand on y pense. Je ne parle même pas des affaires de sexe.

Ce serait mieux de pouvoir au moins parler aux gens avec qui vous décidez de sortir, n'est-ce pas ? Eh bien, croyez-moi ; j'ai eu des cas où même cela n'était pas possible. À un moment donné, j'ai vécu dans des pays où je ne parlais pas assez bien la langue locale. Je recevais une tonne de messages venant de gars qui étaient (on peut dire sans risque) « chauds », mais qui ne parlaient pas un mot d'anglais. Puis j'ai été rapide à comprendre leurs profils parce que je pouvais me débrouiller quand il était question de parcourir le texte, mais d'écrire ? C'était l'e-n-f-e-r, ou du moins, quelque chose qui s'en rapprochait. Être l'innocente jeune fille de vingt ans qui croyait que tout le monde parle anglais, eh bien....

Croyez-moi, essayer de courtiser en ligne m'a vraiment ouvert les yeux. Et c'est là qu'intervient l'utile vantardise. Comme l'anglais, apparemment, n'était pas une langue très répandue dans certains endroits, les gens adoraient mettre le petit drapeau sur leur profil (ou même l'écrire) pour montrer qu'on pouvait leur faire confiance. Enfin, la plupart du temps.

Certains étaient douteux bien sûr, mais c'était un excellent filtre. Bien sûr, c'est une expérience assez personnelle (tout le monde ne vit pas à l'étranger) mais cela prouve qu'il vaut mieux tout lire quand il s'agit de présentations. Parfois, il peut être très évident alors que vous aimez quelqu'un en fonction de son apparence ou des deux premières lignes de son profil. Mais vraiment, vous ne les aimerez peut-être pas à cause de quelque chose d'autre.

C'est ennuyeux de s'énerver à l'idée de parler à quelqu'un, pour se rendre compte que vous ne pourrez pas lui parler autrement qu'en chantant des noms d'aliments. C'est beaucoup plus facile si vous êtes attentif : après tout, si les gens disent la vérité sur eux-mêmes, au moins vous économisez quelques minutes (ou, au bout du compte, vous finissez par discuter avec des gens qui pensent que si vous sortez avec eux, vous serez là, professeur d'anglais gratuit. Allez savoir.).

Le point de vue d'Andréina sur le 3ème chapitre : Nos attentes pour les rencontres en ligne et la réalité qui est crue.

En tant que femme dans sa vingtaine, et vivant à Bogotá, je dois admettre que la réponse d'André à Zoé m'a surprise. Pas à cause de ce qu'il a dit, mais à cause de ses intentions. D'après mon expérience, si des gars ne s'intéressent plus à vous, ils cessent de vous parler. Ils n'expliquent généralement pas pourquoi et ils n'essayent même pas de ne pas vous faire du mal, ils disparaissent littéralement. Ceux qui vous donnent au moins une réponse disent : « J'ai fait une erreur avec toi. Au revoir. « Et c'est tout. Donc, je pense qu'André était non seulement honnête, mais aussi attentionné, et ça m'a plu.

Trouver des mecs sympas sur Internet, c'est très difficile de nos jours. C'est comme si 80 % d'entre eux en avait après quelque chose, si vous voyez ce que je veux dire. Les applications de rencontres ne sont pas exactement pour trouver un partenaire romantique, n'est-ce pas ? Mais à première vue, je trouve cet échange entre André et Zoé très romantique. Suis-je la seule à voir ça de cette façon ? C'est comme s'ils étaient véritablement intéressés par la personnalité et la vie de chacun dans leurs premiers échanges. C'est ce que je recherche habituellement ; avoir une vraie connexion avec quelqu'un, apprendre à les connaître un peu plus. Mais cela a été très difficile à obtenir.

Je ne dis pas que toutes mes expériences sur les sites de rencontres en ligne ont été mauvaises ; j'en ai eu de très bonnes. Les plus remarquables étaient avec un Italien et un Canadien. Ils étaient tous les deux très gentils, et j'ai l'impression qu'André pourrait être ce genre de personne.

Être latino me permet de trouver facilement des garçons avec qui discuter, parce que pour une raison quelconque, tout le monde pense que nous ressemblons toutes à Jennifer Lopez ou à Sofía Vergara. Bien qu'il y ait beaucoup de femmes comme elles de ce côté du globe, il y a beaucoup de genres de beauté. Cependant, dès que les gars savent que vous êtes latino, vous obtenez immédiatement toute leur attention. Et pour dire vrai, c'est souvent très agréable et excitant.

Parler de ça me donne envie d'aller en ligne pendant un moment pour voir si je peux trouver quelqu'un comme André à qui parler. Je veux dire, je parle espagnol (la langue la plus sexy, apparemment), je sais danser la salsa et le merengue, et je réponds à ses attentes en matière de taille.

Quoi qu'il en soit, les rencontres en ligne ont toujours été quelque chose d'excitant pour moi. Une photo ou une description de profil ne suffit pas quand vous voulez trouver votre âme sœur. Vous devez faire aveuglément confiance à l'autre personne ; faites confiance à votre instinct et tombez amoureuse de la personne que vous pensez qu'ils sont.

Et j'ai l'impression que c'est le contraire de tout ce que cette société a essayé de nous enseigner. Tout ne doit pas être physique pour être réel ; André et Zoé le savent très bien, tout comme moi. Mais pour y arriver, il faut être courageux et ouvert à de nouvelles expériences et à de nouveaux sentiments. C'est en quelque sorte un jeu. Vous devez vous fier à vos instincts, réfléchir rapidement, engager la conversation avec les autres en utilisant justes des mots et espérer que tout se passe bien.

Le point de vue de Tania sur le 3ème chapitre : Peut-on lire le profil et deviner son âme sœur ?

Peut-être que la culture portugaise est différente. Suite à la ligne de pensée concernant le message de Lilly au chapitre 3, je me suis à nouveau opposée à vous. Il semble juste tellement répété que cela ne semble pas naturel. C'est beau oui, mais les gens ne se parlent pas comme ça, et ce n'est certainement pas sa façon de faire en face à face. Je me sens toujours très méfiante quand quelqu'un en ligne parle avec un tel texte répété.

En ce qui concerne Arielle, je dois dire qu'il est tout à fait normal qu'elle n'ait pas perçu votre problème avec la différence de taille. Avouons-le : vous n'étiez pas clair là-dessus, vous avez demandé ce qu'elle pensait de la différence de taille et elle a répondu. Clairement pour elle, ce n'était pas un problème comme ce n'est pas un problème pour beaucoup de gens. Je pense que je ne sortirais pas avec un homme qui est beaucoup plus petit que moi, donc je comprends votre position André, en ce qui concerne les tailles.

Eh bien à la fin, je pense que vous avez appris une bonne leçon. Lorsque nous sommes face à face avec des personnes, on a tout un dialogue entier sur le physique pour évaluer, ainsi que la conversation. En ligne, vous n'avez que ce profil. Obtenez ce que vous pouvez en tirer, mais est-ce suffisant pour tirer une conclusion valable sur une personne ?

Maintenant, quelque chose de profondément réfléchi : les possibilités du monde virtuel. Sont-ils pour le meilleur ? bonne question. Je ne dispose pas d'une réponse définitive. La capacité de réunion des gens du monde entier en ligne apporte clairement des choses étonnantes et pourrait mener à des objectifs de rencontres.

Je suis dans plusieurs groupes Facebook qui me mettent en contact avec les gens qui partagent mes intérêts, y compris la littérature imaginaire, l'art, l'illustration ... Je reçois beaucoup de ces groupes et j'aime en faire partie. C'est une connexion plus détachée. Mais je ne me concentre pas sur la rencontre personnelle, mais sur les intérêts communs.

Je pense que ma génération est divisée en deux groupes : l'un émotionnellement dépendant des réseaux sociaux et l'autre (beaucoup plus petit, je pense) qui, vu toutes les conneries, le mensonge et le sensationnel qui existent en ligne, va dans une autre direction.

Je suis définitivement dans le deuxième groupe, et bien que j'apprécie certaines des bonnes choses qu'Internet apporte, je préfère garder ma vie privée hors de l'Internet.

Le point de vue de Katia sur le 3ème chapitre : La création du profil et mon premier innocent essai.

Pendant une fête, mon ami m'a dit que plusieurs personnes IT de l'Université ont créé une application de rencontre pour notre campus. Ils se sont probablement réunis avec nos gens de psychologie, mais bon ça valait le coup d'essayer. J'ai téléchargé l'application, créé mon profil et puis complètement oublié cela, jusqu'à 2 semaines plus tard, quand j'ai reçu un "ding" sur mon téléphone et j'ai vu : « vous avez un nouveau message. »

Comme j'avais complètement oublié l'application, j'ai été surprise que quelque chose soit apparu. C'était juste un simple bonjour, et après une heure de réflexion pour savoir s'il fallait répondre, je l'ai fait. Après une heure de chat intéressant, je suis intéressée par le type. Bien que nous n'ayons pas eu beaucoup de choses en commun, j'appréciais tout de même la conversation. Ce n'est pas commun avec moi. Nous nous sommes envoyés mutuellement des messages pendant quelques mois. Et je n'ai toujours pas été contrariée par nos discussions quotidiennes. Cependant, comme cela arrive toujours, ma vie devint très chargée et je l'ai totalement ignoré. Etant moi, j'ai oublié l'application, ainsi que lui, jusqu'à ce que cinq mois plus tard je reçoive un autre message de lui. Ça m'a vraiment prise par surprise, mais nous avons continué nos discussions, et après quelques semaines, nous avons décidé de nous rencontrer pour la première fois.

Maintenant vient la partie principale de l'histoire, ou du moins la partie principale de l'histoire principale. Vous pensez que vous connaissez la personne avec qui vous avez bavardé pendant ces quatre mois. Le rendez-vous s'est bien passé. Nous nous sommes amusés, ou du moins je me suis amusée car il y a longtemps que je n'étais pas allée à un rendez-vous. Nous avons passé toute la journée à explorer la ville où j'étudie. La soirée s'est également bien passée, avec un dîner agréable et une ambiance dans le restaurant.

Cependant, la soirée ne s'est pas terminée sans que nous ayons une « conversation amusante » où nous avons accepté (ou mieux, j'ai accepté) de ne pas avoir de relation. Nous avons convenu de nous fréquenter simplement jusqu'à voir où cette observation l'un de l'autre nous mènerait. Soyons honnêtes, combien d'entre vous aiment ce discours ? Je suis un grand fan des situations que d'habitude se passent comme ceci :

Moi : « Alors, comment ça marche maintenant ?!! »

Un gars : « Eh bien, je t'aime bien, et j'aimerais continuer. »

Moi : « Qu'est-ce que ça veut dire ? »

Un gars : « Je ne veux pas avoir de relation sérieuse en ce moment, mais je veux continuer à te voir. »

Moi : « Bien sûr, mais je ne couche pas avec toi. »

Un gars: « Oui, je comprends et je suis d'accord avec toi. »

Moi : « génial! »

Quelques jours plus tard, après un film et des câlins au lit, la conversation se déroule comme suit:

Un gars : « Euh, peut-être qu'on peut ... »

Moi : « Hein? Mais nous avons convenu que nous n'irions pas plus loin.

Un gars : « Ouais, mais... »

Moi : « Mais ? »

Je ne pense pas qu'il soit possible de continuer la conversation en ouvrant la porte et en attendant que le type sorte de la maison. Mais revenons à l'histoire d'origine, la conversation s'est déroulée encore une fois comme le modèle qui a été utilisé pendant quelques années. Cependant, la partie amusante est arrivée 2 semaines plus tard, juste après son anniversaire. J'ai reçu le pire message de tous, qui a mis fin à la relation non excitante de la meilleure manière qui soit. En général, c'est moi qui mets fin à la relation, mais cette fois, le message était ridicule et je ne pouvais pas m'amuser à le relire.

Le point de vue de Stéphanie sur le 3ème chapitre : Être quelqu'un d'autre sur les sites de rencontre.

La lecture des expériences vécues par André avec le site de rencontre POF (Plenty of Fish) est aussi amusante que surprenante. Il est clair qu'il apporte beaucoup à une vie de couple, il a une grande perspicacité, de l'humour et un désir d'être heureux dans une relation sérieuse. Qu'est-ce que ces femmes voudraient de plus ? Et pourtant, lorsqu'elles le rencontrent pour la première fois, elles paraissent incapables de se contrôler même pour un petit instant.

Vivant aujourd'hui en tant que femme d'une trentaine d'années aux Pays-Bas (à une demi-heure de la ville d'Amsterdam), je peux le dire, je suis une voyageuse professionnelle à plein temps. Le business des rencontres en ligne est également un challenge planétaire grandement menacé par la tromperie. C'est comme si les gens avaient une ardoise vierge sur laquelle réécrire leur vie. Ils se font passer pour ce qu'ils ne sont pas et la vérité apparait tôt ou tard.

J'étais donc l'une des rares personnes qui n'avaient jamais essayé les rencontres en ligne. En Italie, j'avais en fait créé un profil pour une amie proche qui venait de divorcer. J'avais fait un travail convaincant pour la représenter correctement en sélectionnant ses photos, car elle était submergée de demandes d'amitiés.

C'est une fille fantastique. Bien qu'elle ait rencontré son ex-mari sur un site de rencontre avec qui elle a vécu cinq ans de bonheur de mariage, après de nombreuses semaines de discussion par messages avec de nombreux prétendants, malgré que certains parmi eux semblaient être de formidables partenaires pour elle, elle a décidé de n'en rencontrer aucun. Je n'ai pas remis en question sa décision.

Dans cette brève pause que j'ai eue après avoir mis un terme à ma relation, je me demandais (après avoir vu l'expérience de mon amie) : Se pourrait-il que tant de merveilleux partenaires potentiels se trouvent sur ces sites, juste à attendre que je les rencontre ? Je voulais savoir si cela était une source fantastique de perspectives qui méritaient d'être exploitées. Se pourrait-il qu'un compagnon que je n'ai pas pu trouver dans mon travail ou dans ma vie personnelle se trouve dans cet énorme éventail d'hommes, uniquement en fonction de mes préférences ?

C'était une aventure culturelle que j'avais besoin d'expérimenter, ne serait-ce que pour savoir que c'était réel.

L'intégrité d'André et sa recherche passionnée pour l'épouse idéale est une quête formidable. Mais il est regrettable qu'il ait vécu jusqu'à ce jour des expériences si étranges avec des femmes qui ne sont pas ce qu'elles paraissent être.

Le point de vue de Jane sur le 3ème chapitre : Début de la dépendance aux rencontres en ligne ?

Quel souvenir incroyable même selon les critères de rencontres amoureuses sud-africaines. Je m'appelle Jane j'ai trente et un an et je viens de Johannesburg. Pourquoi ne pas partager mon expérience sur les rencontres virtuelles et les leçons que j'ai apprises ?

Ils disent que votre meilleur ami (au lieu de vous faire sortir de la cage) serait là à vos côtés. Je suppose que c'était l'intention de Lisa, ma chère et confidente amie, ayant envisagé m'inscrire sur un site de rencontre. J'ai évidemment accepté, avec pour seule justification qu'elle ne pouvait pas sortir la nuit avec des gens mystérieux si je ne faisais pas la même chose.

J'ai pleurniché, boudé, et roulé des yeux, mais elle a gagné parce que je m'ennuyais, me sentait seule, et cherchais une excuse pour montrer mes cinq kilos récemment perdus. Je n'avais jamais eu de rencard à l'aveuglette, avant ils étaient toujours planifiés. Ma dernière relation date de quatre ans, et nous nous étions rencontrés à l'université. Avant cela, je sortais avec mon amour de lycéen jusqu'à l'obtention de nos diplômes. Je n'avais aucune idée de ce qui m'attendait, mais je percevais un mouvement caché d'excitation face aux éventualités. Serait-ce « L'unique, » l'insaisissable unique pourrait-il m'attendre sur une page internet.

Ce n'est pas à cause de son âge supposé (trente ans sur son profil, mais son sourire indiquait au moins cinq de plus) ou parce que ses intérêts correspondaient aux miens que je suis sorti avec le premier mec. Lisa m'a inscrit au rendez-vous et m'a pratiquement mise dans le taxi.

Nous nous sommes donnez rendez-vous dans un agréable restaurant familial : un endroit confortable, décontracté, un lieu classique. À la première occasion, j'ai failli rire. Il était plus petit que ce qu'il a dit dans son profil, et beaucoup plus vieux. Nous avons eu un agréable dîner, il était gentil et poli. La nourriture était délicieuse, et cela nous a sauvés quand la conversation s'est arrêtée pour la première fois. Pour ce qui est des premiers rencards, ce n'était pas mal, mais ce n'était pas bon non plus.

Par la suite je me suis surprise à retourner sur ce site, et c'est devenu une dépendance. De nombreuses années sont passées, et rien ne pouvais me dissuader de tenter mes chances, même pas lorsque je me faisais successivement tromper. J'ai fait la rencontre « d'un artiste en difficulté » qui prétendait jouer dans un groupe clandestin et il essayait de m'inviter à quelque chose qui ressemblait étrangement à une soirée de débauche.

Après cela, j'ai rencontré un charmant baratineur qui a tiré sa révérence en utilisant un stratagème. « Je dois aller aux toilettes », puis il s'est sauvé et m'a laissé avec l'addition. Donc, pour résumer, j'ai rencontré des hommes qui ont menti à propos de leur âge, leur poids, leur statut matrimonial, et même leur sexualité. C'était comme si je ne pouvais pas trouver la perle rare ; une aiguille dans une botte de foin.

Lisa s'est finalement rangée avec une amie de travail qui lui faisait des avances depuis des années, mais j'étais coincée dans ma vie de débauche, à la poursuite des sensations fortes, de l'espoir. Cela fait deux ans que j'ai eu mon dernier rendez-vous en ligne. Je n'ai pas arrêté parce que j'ai trouvé l'âme sœur, mais parce que j'ai réalisé que j'avais rencontré de bons hommes qui auraient pu être celui-là, mais j'étais trop occupée à poursuivre la perfection dans ma tête.

Le point de vue d'Iga sur le 3ème chapitre : Un bon message dans le profil est toujours récompensé.

Bonjour, je m'appelle Iga. Je viens de Płock, en Pologne, et j'ai 26 ans. J'ai toujours été le genre de personne qui se tient derrière une foule, se cache derrière les gens et ne veut pas être remarquée.

Avant de commencer des rencontres en ligne, j'ai toujours détesté le fait que les hommes jugent les femmes par leur apparence. Je voulais seulement avoir une conversation agréable avec un homme au sujet de mes intérêts. Au lieu de cela, j'ai reçu des compliments à propos de mon apparence sans aucune signification plus profonde. C'est pourquoi j'ai décidé de rencontrer quelqu'un en ligne, et ça a marché ! J'étais réticente au début, mais finalement, j'ai eu le courage de le faire. J'ai cherché un site de rencontre et j'ai posté une photo sans maquillage, avec des cernes sous les yeux et en général peu attrayante. C'était censé faire fuir tous les hommes qui ne s'intéressaient qu'à mon apparence et voulais juste flirter avec moi.

Heureusement pour moi, le premier mec a lu mon profil avec attention et a été intéressé par mon message. Non pas à mon apparence. Donc, nous nous sommes connectés, et il était très sympa et sincèrement intéressé ! Nous parlions jour et nuit de tout. Nos problèmes, nos rêves... Essentiellement au sujet de ce qui compte le plus, sans se focaliser sur l'apparence. J'ai finalement senti que quelqu'un voulait vraiment me connaître ! Finalement, nous nous sommes rencontrés. Ce fut un moment vraiment magique pour moi. J'étais excitée parce que je sentais que je n'allais pas rencontrer un étranger, mais plutôt une personne que je connaissais déjà très bien et avec laquelle je me sentais à l'aise.

Après cela, tout a commencé à se développer rapidement. Nous avons noué une relation et nous nous sommes rencontrés quelques jours par semaine, puisqu'il vivait en dehors de la ville. Nous sommes ensemble depuis 7 ans, mais il a ensuite quitté le pays et nous avons commencé à apprendre à vivre séparément. Nos sentiments ont commencé à s'estomper. Nous avons peu à peu parlé de moins en moins, jusqu'à ce que nous arrivions au point de non-retour. Donc, nous nous sommes séparés.

Cependant, grâce aux rencontres en ligne, j'ai vécu 7 années incroyables que je n'oublierai jamais. Premièrement, ça m'a donné l'occasion de rencontrer une personne sympathique et attentionnée qui était plus concentré à me parler et à m'écouter, qu'à me regarder. Deuxièmement - et surtout - je me suis débarrassé des préjugés selon lesquels des hommes sincères n'existent pas vraiment. Est-ce que je recommencerais ? Bien sûr !

Je me rends compte que certaines femmes peuvent avoir peur ou être trop timides pour nouer des relations en ligne. À mon avis, si vous êtes timide, la meilleure solution pourra être de rencontrer quelqu'un en ligne ! Pensez-y. Vous commencez par faire connaissance avec quelqu'un, et alors que vous vous rencontrez en personne, vous ne vous sentez plus mal à l'aise parce que vous vous connaissez déjà ! N'est-ce pas pratique ? D'autre part, il existe un risque potentiel de rencontrer une personne délirante, mais la vraie vie ne présente-t-elle pas aussi ce risque ? Je pense que cela vaut la peine d'essayer.

Eh bien... Du moins dans mon cas ça l'était. Mon histoire avec les rencontres en ligne a une FIN HEUREUSE, malgré le fait que nous ayons rompu.

Chapitre 4

Le test de l'homme ou de la femme des cavernes

Lorsque j'ai commencé à envisager de rencontrer de potentielles compagnes, j'ai conçu un plan d'action. Pourquoi ? Eh bien parce que, voyez-vous, j'ai besoin d'avoir un plan sur lequel m'appuyer pour gérer mes instincts biologiques lorsque le seul contact que j'ai eu avec cette personne est virtuel. L'homme des cavernes ou la femme des cavernes qui sommeille en nous finit toujours, tôt ou tard, par émerger, alors comment pouvons-nous montrer notre véritable personnalité sans paraître sauvage et offenser la personne en face ?

Dans un effort pour vous aider à mieux comprendre les interactions complexes entre les hommes et les femmes - et aussi parce que j'ai appris à ne pas prendre au sérieux ni ma personne ni les rencontres en ligne - je vous propose le test de l'hommes ou la femme des cavernes. Ce test est une base pour évaluer la réaction physique d'une personne face à un compagnon potentiel. J'admets librement que ceci n'est guère scientifique, mais ça reste amusant.

En Théorie

Le test de l'homme ou femme des cavernes fait appel à notre cerveau ; pour être plus précis, à notre instinct reproducteur. Le cerveau reptilien (ou primaire) s'occupe des quatre facteurs suivants : l'alimentation, la défense, la fuite et... la reproduction (ne criez pas au blasphème, s'il vous plaît). Donc, en ce qui concerne ce test, oubliez toute pensée rationnelle.

En Pratique

Le test n'est pas compliqué, mais les hommes, en particulier, doivent faire très attention lorsqu'ils le font afin d'éviter de se faire gifler ou, pire, d'être traduits devant un tribunal. Votre timing doit être excellent ; en effet, si vous allez trop vite, vous recevrez un gros NON comme réponse. Au contraire, si vous vous prenez trop de temps, vous vous retrouverez dans la redoutable « friendzone ». L'élément clé à garder en tête est de trouver le bon équilibre et d'avoir confiance en soi.

Trois conditions préalables à la réussite de ce test :

1. Vous devez percevoir (gardez évidemment en tête que la perception peut ne pas être la réalité) que le sujet du test s'intéresse à vous. Il s'agit d'une condition minimale pour un test réussi ;
2. Vous devez sentir que la personne s'intéresse à vous, mais qu'elle est aussi attirée par vous et que vous avez établi un lien. Ceci est une condition intermédiaire pour un test réussi ;
3. Vous avez l'un pour l'autre un respect et une confiance mutuels. C'est la condition ultime pour un test réussi.

REMARQUE : Continuez seulement si au moins une de ces conditions a été remplie ; je suggérerais personnellement au moins 2 conditions préalables à valider si vous êtes hésitant !

Le Test

Rapprochez-vous de la personne, faites-lui votre sourire le plus chaleureux et le plus sincère et offrez-lui un doux câlin dans vos bras. C'est tout !

[Je parie que vous pensiez qu'il s'agissait de quelque chose de beaucoup plus radical. C'est votre esprit qui est mal tourné, pas le mien.] Plus tôt vous connaîtrez le résultat, mieux vous vous sentirez au sujet de la personne.

Les vrais câlins ne peuvent pas être assimilés à une tentative d'action sexuelle inadaptée avec une mauvaise intention, en particulier s'ils sont entrepris avec le plus grand respect envers l'autre.

Analyse des Résultats

Une analyse précise du résultat est importante. Évitez les généralisations précipitées, mais osez faire confiance à votre tête et à votre corps. Vous ne voulez pas d'une relation qui ne fonctionne pas, mais vous ne voulez pas non plus rater votre véritable amour. Quelqu'un qui ne semble pas à première vue être votre moitié pourrait se révéler être votre âme sœur. L'inverse est également vrai.

Voici une grille analytique des résultats possibles après le câlin. Celle-ci est uniquement destinée à guider l'interprétation de vos résultats, et rien de plus, en particulier lorsque vous interagissez avec des personnes de cultures extérieures à l'Amérique du Nord :

1. **Des papillons dans le ventre.** Ton peut deviner ce genre de phénomène lorsque le corps de l'autre personne se crispe et que cette dernière ne sait pas

quoi faire ensuite. Cependant, ne tirez pas cette conclusion trop vite. Laissez un peu plus de temps. **Résultat inconnu jusqu'à ce que vous décidiez de passer à l'étape suivante.**

2. **Froncement du nez.** Cela signifie que votre geste dégoûte l'autre personne. N'oubliez pas que même dans ce monde plein de nuances, la clarté existe malgré tout. Présentez vos excuses immédiatement et essayez d'oublier l'humiliation. Laissez tomber. Il y en aura d'autres à rencontrer. **Test négatif**

3. **Sourcils froncés et expression faciale agressive.** Cela montre que vous avez affaire à une personne potentiellement violente. Tenez-vous à bonne distance, excusez-vous… et partez. **Test négatif**

4. **La personne est déconcertée et vous donne une gifle. Vous avez définitivement franchi la ligne.** Excusez-vous et partez. **Test négatif.**

5. **La personne est surprise et vous dit qu'il est trop tôt pour se rapprocher.** Mauvais timing. Présentez vos excuses, respectez le besoin de temps et d'espace de la personne, mais ne présumez pas que tout est perdu. **Cela pourrait être un test positif.**

6. **La personne est surprise mais ne réagit pas.** Vous avez peut-être affaire à une personne qui prend trop de médicaments ou à un zombie. Vérifiez si elle a un pouls et, de préférence, partez. **Plus négatif que neutre.**

7. **Yeux écarquillés.** La personne n'est pas surprise, sourit ou vous fait un clin d'œil. Cela signifie généralement que la personne est intéressée et vous prête de l'attention. Vous avez éveillé l'instinct naturel de cette

personne avec ce contact physique. Persévérez. **Test positif.**

8. **La personne se laisse aller dans vos bras.** La connexion avec la personne était telle que sa réaction positive était évidente et attendue. Profitez du fruit de cette connexion naturelle avec joie. **Test positif.**

9. **La personne est surprise mais se laisse aller dans vos bras malgré tout.** La connexion avec la personne était telle qu'une réponse positive de sa part était souhaitable, mais pas anticipée. Ne vous posez pas de questions. Vivez le moment. **Test positif.**

10. **La personne est surprise mais vous embrasse ensuite avec passion.** La synergie entre vous est réelle. Vos prières ont été exaucées. **Test réussi.**

L'attraction naturelle, l'engouement et la libido sont influencés par notre ADN, qui est encodé dans notre corps. Nous ne pouvons donc pas ignorer l'appel de ce dernier lorsque nous recherchons une âme sœur, car il s'agit d'une partie essentielle de l'équation AMOUREUSE. Plus tôt vous trouverez votre correspondance « chimique », meilleure sera la prochaine phase de découverte.

Le point de vue de Lev sur le 4ème chapitre : Le test de l'homme ou de femme de caverne est-il pertinent dans nos rencontres amoureuses ?

Ayant obtenu un diplôme d'études supérieures en psychologie (New Jersey, États-Unis) et ayant atteint la fin de la vingtaine, je peux me familiariser avec la validité et les observations du test de l'homme ou de femme de caverne d'André présente ici. Ce test me rappelle l'importance de la communication non verbale dans nos relations, ainsi que les limites de ces connaissances.

C'est un outil avec de nombreuses utilisations. Nous pouvons apprendre à nous présenter comme des leaders confiants, des partenaires potentiels ou même des adversaires poursuivant un objectif commun. Mais quelles sont les faiblesses de ces connaissances ? Est-ce que ces aperçus de surface dans les mondes internes d'un individu provoquent plus de malentendus qu'ils n'en élucident ?

Pour commencer, nous diffusons toujours inconsciemment des messages. Nos yeux, nos muscles du visage et même notre posture reflètent la nuance de la pensée sous nos surfaces. Vous avez certainement remarqué que lorsque vous bâillez, votre ami à côté de vous risque de faire la même chose. En reflétant vos actions, votre ami transmet un état d'esprit similaire. Vous êtes d'accord votre rapport est bien établi et confortable. Cependant, ce même phénomène ne se limite pas aux bâillements. Nous rions quand les autres rient, sourions quand les autres sourient, et bien que nous comprenions l'harmonie inexprimée entre nous, nous prenons rarement conscience de cet échange. Cependant, il est important de noter que même si vous pouvez identifier des émotions telles que le dégoût, le mépris ou l'attraction, vous ne pouvez pas déterminer la cause de cette émotion.

Disons que vous dînez avec une femme dans un magnifique restaurant italien surplombant la baie. Vous parlez de l'amour du hockey et elle grimace. Que pouvons-nous en déduire ? Qu'elle n'aime pas le hockey ?

- *C'est plausible, mais il est également possible qu'à ce moment-là, le chef ouvre la porte de la cuisine et qu'il y ait un morceau de poussière perdu dans les yeux.*
- *Peut-être a-t-elle senti l'avertissement gronder d'une migraine douloureuse.*
- *Peut-être que la chanson qui a été diffusée par l'orateur lui a rappelé l'accident de voiture qu'elle avait connu quelques années auparavant, et le souvenir de sa jambe cassée lui a fait mal aux jambes.*

Nous sommes des vases d'expériences, de souvenirs et d'associations ; par conséquent, nous ne pouvons rien prédire au-delà des observations les plus rudimentaires.

L'ignorance n'est pas notre seul obstacle à discerner ce que ressentent nos amis ; nous sommes des créatures biaisées, susceptibles de souhaiter des étoiles chanceuses et de nous aveugler de toute autre sagesse. Si nous sommes de tempérament névrotique, peut-être pourrions-nous confondre la timidité avec l'inconfort ou la réticence avec le désintérêt. Nous avons ensuite diffusé à tour de rôle une vague d'anxiété. Ou peut-être allons-nous nous méprendre sur la nervosité d'une personne et devenir enhardis. Il est facile de tomber dans un piège.

Pour ce faire, je pense que le test de l'homme ou de femme de caverne d'André constitue un bon point de départ pour discerner le potentiel relationnel de son compagnon. Soyez vigilant quant au langage corporel, surveillez les tendances impulsives et n'ayez pas peur d'utiliser vos connaissances de la communication non verbale pour envoyer le bon message. Mais ne laissez pas vos spéculations vous tyranniser. Allez avec le courant, soyez attentif, et surtout, amusez-vous.

Le point de vue de Tania sur le 4ème chapitre : Le dimension culturel d'une femme européenne.

En tant que Portugaise de la fin du millénaire, l'épreuve de l'homme ou femme des cavernes a définitivement sa valeur. Je ne penserais jamais à faire un test sur quelqu'un avec cette intention particulière, mais à un niveau subconscient, je crois que nous répondons toujours à ce que nous ressentons en ce qui concerne la proximité et le contact physique avec une autre personne.

Nous nous sommes tous un jour sentis repoussés d'une manière ou d'une autre lorsque nous touchons une autre personne. Et je ne veux pas dire parce qu'ils ne prennent pas de bain ou quelque chose comme ça. Je veux dire simplement parce que d'une certaine façon, nous ne nous sentons pas bien avec le fait que cette personne nous touche, même sans raison particulière.

D'autre part, nous avons tous rencontré une personne avec laquelle nous nous sentons à l'aise à proximité. Cela se produit normalement non seulement dans les relations amoureuses, mais aussi avec des amis. Nous, les Portugais, on s'étreint beaucoup. Je salue la plupart de mes amis avec de gros câlins (pas tous, mais les plus proches).

La vérité est que: ces types de tests sont toujours présents dans notre quotidien chaque fois que nous rencontrons quelqu'un. Mais traditionnellement, ils vont pas à pas : suivre le contact visuel, le langage corporel en parlant, les petites caresses.... Eh bien, je ne les fais pas comme un test ; c'est quelque chose qui se fait naturellement, comme la reconnaissance. C'est une faculté sociale qui fait partie de ma vie quotidienne. Ce n'est pas si différent de parler. C'est juste une partie de la socialisation.

Sur un site de rencontre, vous allez rencontrer quelqu'un dans le but précis d'une relation romantique. Mes premiers contacts avec un éventuel amant sont normalement lorsque je sors avec des amis, donc avoir plusieurs rencontres avant qu'une relation romantique ne soit envisagée n'est jamais une perte de temps.

Personnellement, c'est un peu étrange de serrer avec de gros câlins une personne dans le but de la tester. Ce genre de choses coulent naturellement, parfois avec un peu de maladresse. Comme quand je suis allée embrasser un vieil ami que je n'avais pas vu depuis des années, et il était complètement raide. Eh bien, le temps a changé la façon dont nous nous étions liés (plus pour lui que pour moi), mais après cela, j'ai continué à respecter son espace personnel.

Dans le domaine de la séduction, je vois ce test presque comme une danse, et une très belle danse que je ne voudrais pas perdre avec un « premier rendez-vous d'exclusion ». Bien que, je comprenne que pour certaines personnes, l'effort de plusieurs rendez-vous n'en vaut pas la peine. Et si les choses évoluent jusqu'à un rendez-vous, nous avons déjà fait le « test de danse ».

Il y a donc des réalités différentes. Il y a différentes façons de faire ce test, mais en fin de compte, il est toujours là.

Le point de vue de Claire sur le 4ème chapitre : Une jeune femme qui partage son expérience.

En tant que Californienne d'une vingtaine d'années, j'ai expérimenté ces tests. Rencontrer quelqu'un pour la première fois après de brèves conversations sur Internet peut être intimidant, surtout lorsque vous comprenez tous les deux que la seule raison pour laquelle vous vous rencontrez est de voir si vous avez une attirance sexuelle. Le test homme ou femme de caverne d'André est une façon amusante de se changer les idées et d'embrasser l'inconnu. Le test vous encourage à vous concentrer sur l'autre personne plutôt que sur vous-même et à mesurer ses perceptions physiques.

Les hommes communiquent avec leur corps plus qu'ils ne communiquent avec leurs mots. Nous envoyons tout le temps des signaux au sujet de nos sentiments. C'est une qualité précieuse d'être capable de lire une personne de cette façon, surtout lorsque vous essayez de savoir si elle vous apprécie ou non.

Il est important de garder à l'esprit que même si vous pouvez lire les réactions de quelqu'un, vous ne pouvez pas être sûr de ce à quoi ils réagissent. Tout ne tourne pas autour de vous, alors sortez de votre tête. Si vous êtes vraiment confus sur la réaction d'une personne, vous pouvez lui demander avant d'abandonner tout simplement à cause d'un test négatif. Il est également important de ne pas se laisser piéger par le fait que quelqu'un vous aime ou non avant de décider si vous l'aimez bien. C'est facilement oubliable par moments.

Je félicite André d'avoir introduit les instructions pour le test en disant : « Pour que ça marche, vous devez avoir de bonnes aptitudes de communication. » Cette facette est ce qui nous différencie des hommes ou femmes des cavernes ; nous respectons les mots ou les signaux qui sont envoyés et nous ne prenons pas juste ce que nous voulons. J'apprécie qu'André présente son test avec prudence et invite tous ceux qui voudraient l'essayer à ne le faire qu'après avoir jugé leur sujet un peu intéressé.

Le but est de se connecter avec cet instinct ; ressentir l'ambiance et partir de là. Si vous êtes attentif, vous devriez être en mesure de dire de l'autre côté de la pièce si une personne est physiquement intéressée ou non, et si vous l'êtes. Quoi qu'il en soit, la confiance et le respect sont essentiels ; à moins que la personne ne vous traite avec horreur, rien ne vous donne le droit de simplement faire demi-tour et de partir.

Ce sont des personnes que vous rencontrez ; traitez-les bien et avec gentillesse. Le site vous a associé pour une raison. Peut-être que vous n'avez pas d'alchimie sexuelle, mais vous pourriez être de bons amis. Encore une fois, j'exhorte quiconque ne pouvant pas lire les signaux envoyés à demander simplement ; le rendez-vous sera beaucoup plus facile si vous êtes ouvert et honnête.

Je pense qu'il est important de se rappeler que vous obtiendrez probablement un test négatif si vous courez dans les bras d'étrangers. Les personnes sur lesquelles vous effectuez ce test sont des particuliers à qui vous avez déjà parlé sur le site de rencontre, et vous avez une certaine sensibilité à leur égard. Les gens que vous connaissez mieux sont probablement de meilleurs candidats que quelqu'un avec qui vous avez simplement organisé un rendez-vous. Faire des jugements rapides basés sur quelques réactions dont vous ne connaissez pas la raison sous-jacente n'est jamais un pari sûr.

Écoutez votre corps, comme André vous le conseille ; rejetez une interaction si vous ne vous la sentez pas bien. Si vous les aimez, vous devriez continuer à les connaître ; s'ils ne réagissent toujours pas favorablement, passez à autre chose et essayez de ne pas prendre chaque rencontre trop au sérieux. C'est dur de se vider la tête quand on est coincé là. Mais n'oubliez pas : ne laissez pas les sentiments des autres dicter votre vie.

Le point de vue de Michelle sur le 4ème chapitre :
Ce test provient à l'origine de ma culture.

Étant née en Afrique (terre natale pour la civilisation humaine) et étant dans la trentaine, je voudrais mentionner que le test de l'homme des cavernes ou de la femme des cavernes remonte loin à l'âge de pierre. Pendant cette période, nos ancêtres ne savaient pas grand-chose sur l'éducation sexuelle. Ils ont seulement anticipé ce qu'était un comportement sexuel de base, et si cela devenait positif, cela leur serait bénéfique !

De nos jours, le test des hommes des cavernes ou des femmes des cavernes est très facile et le test permet de déterminer comment vous serez traité par les personnes que vous rencontrerez lors de votre quête de l'âme sœur.

Lors d'un test homme de caverne/femme de caverne, il est sage d'utiliser son instinct pour déterminer si la personne consent ou non à ce que vous proposez.

Le plus souvent, un homme (en apprenant à connaître une femme) va d'abord la couvrir de mots agréables qu'elle veut évidemment entendre. À la fin de cette phase, il entreprend de lui prouver davantage ces intentions par ces actions, afin qu'elle puisse interpréter ses actions de manière intelligible sans qu'il les exprime.

Sachant cela, s'il décide d'aller plus loin, ce test s'avère positif (car une femme peut effectivement déduire qu'à ce stade, il en veut plus). Si la femme consent à ce qu'il propose, alors elle ne sera pas contre l'idée d'aller plus loin.

C'est là que le test intuitif interne entre en jeu. Je crois cela parce qu'à ce stade, l'homme sait que la femme aime ce qu'il fait, ils anticipent tous les deux plus. À ce stade, il a appris à connaître une partie d'elle-même qu'elle aime entendre et il essaiera de faire tout son possible pour que cela reste ainsi.

En ce qui concerne ce test, voici les résultats possibles (basés sur des sentiments intuitifs):

COMPATIBILITÉ - *il est évident que ces deux personnes sont compatibles ; ils apprécient la compagnie l'un de l'autre et ils semblent vouloir des choses semblables.*

RESSEMBLANCE - *d'après le test ci-dessus, ils semblent s'aimer. Non seulement ce fait est basé sur l'intuition, mais il est également évident dans leur relation et le lien qu'ils ont inconsciemment créé pour eux-mêmes.*

CONNEXION MUTUELLE - *il s'agit d'un cas différent si un homme aime une femme, mais il n'est pas prêt à passer au niveau supérieur (probablement dû à des situations passées). À un moment donné, quand il l'aime, lui fait savoir ses intentions et décide de passer au niveau supérieur, elle est totalement d'accord. Cela signifie qu'elle accepte mutuellement sa proposition, formant inévitablement un lien entre eux. C'est comme si elle chuchotait à ses oreilles. « Oui, je t'aime déjà ... Qu'est-ce que tu attends ? »*

En ce qui concerne l'utilisation de sites de rencontre virtuels, un test hommes des cavernes/femmes des cavernes n'est pas farfelu. Pour éviter des rebondissements inattendus, il est important d'essayer d'abord avant d'y plonger complètement. Parfois, vous ne savez pas exactement dans quoi vous plongez.

Bonne chance !

Le point de vue d'Élisabeth sur le 4ème chapitre : Est-ce un test pour nos futures relations amoureuses ?

Je dois avouer que « le test de l'homme ou de la femme des cavernes », tel que représenté au chapitre 4, est absolument fascinant pour moi. En tant que jeune fille de la vingtaine installée à Boston, j'ai eu du mal à lire et à comprendre le langage corporel de mon partenaire. Pour quelques raisons, j'ai manqué de nombreux indices, ce qui m'a déçu. Mais grâce au partage d'André, j'apprends beaucoup.

En lisant son « Analyse des résultats » et en étudiant les extraits des tests présentés au chapitre 4, j'ai découvert qu'en quelques minutes, André a expliqué en détail ce qu'il m'a fallu des années d'essais et d'erreurs pour apprendre en tant que jeune fille. Je n'arrivais pas à y croire quand j'ai commencé à trouver plus de discernement et à acquérir plus de connaissances dans ce domaine.

Donc, mon conseil est que lorsque vous vous présentez devant votre partenaire romantique, ayez une compréhension claire de son langage corporel. Cela peut vous aider à éviter les malentendus et ainsi vous aider à comprendre l'état d'esprit de votre partenaire et, en fin de compte, vous aider à communiquer vos propres sentiments et idées.

En lisant la description et les suggestions de ce chapitre 4, essayez d'imaginer les interactions que vous avez eues avec votre partenaire. Réfléchissez donc soigneusement au rôle que ces discussions et suggestions jouent dans votre relation, puis réfléchissez soigneusement à la façon dont vous pourriez utiliser cette information pour renforcer votre relation.

Bonne chance à vous.

Le point de vue de Clara sur le 4ème chapitre : Les instincts éhontés des femmes des cavernes.

Je suis actuellement au milieu de la vingtaine et je vis en Afrique. En tant que femmes, nos instincts de femmes des cavernes sont très actifs, semblables à ceux d'un homme. Nous n'avons peut-être pas la façon physique ou disons évidente de montrer quand nous sommes très attirés par le sexe opposé (comme la façon dont les hommes ont des réactions physiques), mais nous avons le langage corporel, et d'autres choses qui se passent dans nos esprits et dans nos corps que l'autre partie ne peut pas voir.

Mais avant d'entrer dans le vif du sujet, voyons ce qu'est cette entreprise des cavernes.

Lorsque les gens entendent les instincts des cavernes, la première chose à laquelle ils pensent est la violence. C'est une idée fausse répandue. Je vous promets de ne pas vous faire la leçon. Je veux simplement démystifier ce sujet.

Les instincts des cavernes sont intégrés biologiquement, c'est-à-dire qu'ils font partie de nous depuis la naissance. Ces choses ne nous sont pas enseignées, comme notre besoin de survivre, de nous adapter à notre environnement, de nous nourrir, de sentir l'amour sexuel, la loyauté clanique ou tribale, et ainsi de suite. Maintenant que nous avons réglé cette question, passons aux instincts sexuels.

Je ne peux m'empêcher de rire de moi-même, parce que tout ce qui me vient à l'esprit, c'est la chanson de Marvin Gaye intitulée « Sexual Healing », en particulier la partie qui dit :

> Et quand j'ai ce sentiment
> Je veux une guérison sexuelle
> La guérison sexuelle, oh bébé
> Me fais me sentir si bien

Aide à soulager mon esprit
La guérison sexuelle bébé, est si bonne pour moi
La guérison sexuelle est quelque chose qui est bon pour moi

Qu'est-ce que c'est ? Je suis désolée. Il fallait que je me débarrasse de cela. Comme André, j'aime la musique (surtout « les Oldies »). Bon, revenons à nos instincts de femmes des cavernes. Oui, nos corps et nos esprits hurlent quand nous trouvons un homme attrayant, et nous commençons à le déshabiller dans nos esprits. Je n'ai pas l'intention d'être vulgaire, mais il est important de savoir que cette partie de nous existe et que ce n'est pas une mauvaise chose.

Peu importe la culture, la tribu, la religion, la nationalité ou la race, nous avons tous des instincts sexuels (une exception comprend l'asexualité). La bonne nouvelle est que la femme des cavernes en nous est aussi sage, en particulier dans le choix d'une âme sœur. Donc, même quand les feux d'artifice s'allument dans notre tête, nos instincts de femmes des cavernes s'activent et nous disent de ralentir.

Dans le passé, il était important de choisir une âme sœur avec sagesse, et les femmes cherchaient des hommes qui avaient des attributs particuliers, comme un protecteur en temps de guerre, un bon chasseur, un bon agriculteur, un bon investisseur (ou simplement riche), quelqu'un qui prenne soin d'elles, capable de prouesses sexuelles, etc. En tant que femmes, nous recherchons toujours la même chose, mais de façon plus moderne.

Maintenant l'attirance physique vers le sexe opposé varie selon les femmes. Nous avons donc des intérêts différents chez les hommes. Certaines s'intéressent à la voix d'un homme et à la façon dont il parle, certaines femmes sont attirées par l'apparence faciale ou la structure corporelle, d'autres sont attirées par le sang-froid d'un homme, d'autres sont attirées par son habillement, etc.

Comment sauriez-vous qu'un homme est aussi attiré par vous ? Voici mon point de vue :

Mesdames, cela varie aussi chez les hommes. Il suffit de regarder leur langage corporel. Les indices suivants sont les plus courants et sont semblables chez les hommes et les femmes :

Contact visuel - *Nos yeux communiquent beaucoup. Ils peuvent transmettre nos sentiments, mais ils doivent aussi transmettre le bon message. Si vous le regardez vers le bas, cela envoie le message qu'il n'a aucun effet sur vous, et cela ne fonctionnera pas. Mais quand vous le regardez et qu'il vous regarde en arrière, regardez en arrière, puis ramenez lentement vos yeux vers les siens. S'il regarde en arrière, mais avec une sensibilité particulière, l'étape 1 a été couronnée de succès. Mais s'il tourne le regard droit, il n'est pas intéressé.*

Souriez-vous - *Il est important de lui donner un sourire chaleureux, car cela rend l'autre partie à l'aise. Alors, faites un grand sourire éclatant de façon admirable. S'il vous sourit fort, il n'est pas intéressé. Mais s'il vous sourit en retour et que son front s'étire, l'étape 2 est terminée.*

Détendez-vous - *Lorsque vous vous détendez, cela montre que vous êtes à l'aise. Cela rend le sexe opposé confortable, ce qui facilite la communication. Donc, une façon de le montrer, c'est en se penchant pendant que vous parlez. Cela montre que vous voulez être plus près, mais si vous reculez, cela signifie que vous ne voulez pas être avec lui. S'il raidit, il n'est pas intéressé ; mais s'il se penche aussi, l'étape 3 est terminée.*

Réaction aux compliments - *complimentez-le s'il a l'air bien ou si vous aimez ce qu'il fait. Il est important de le flatter. La plupart des hommes prennent le temps de bien paraître lorsqu'ils rencontrent quelqu'un qu'ils aiment, alors il est important de leur faire savoir que vous reconnaissez les efforts.*

Bien s'habiller - *Cela va dans les deux sens. Le fait de mettre des efforts dans votre apparence montre que vous l'aimez. Mais si vous ne le faites pas, cela envoie le message que vous ne vous en souciez pas.*

Contact physique - *C'est essentiel. Les hommes aiment toucher* *et être touchés. Certains ne veulent peut-être pas avoir l'air d'aller de l'avant ou d'avoir l'air d'un pervers, alors ils peuvent essayer de s'en tenir à eux-mêmes. Mais c'est en fait une façon de sentir ou de ressentir la tension sexuelle entre vous deux. Lorsque vous parlez, vous pouvez vous caresser des doigts le dos de ses mains, ou vous pouvez mettre vos mains légèrement sur ses mains. S'il continue à parler sans s'en apercevoir ou qu'il enlève sa main, il n'est pas intéressé. Mais s'il regarde votre main et sourit, ou sourit et essaie de tenir l'autre main occupée, il est alors intéressé.*

Portez attention à la façon dont il écoute - *C'est bien de parler de vous-même. Permettre à un homme d'entrer dans votre monde sans qu'il vous en force le rend confortable. Mais il est aussi important de faire attention et d'écouter quand il vous parle ou réagit.*

Bonne chance!

Le point de vue de Greta sur le 4ème chapitre : L'importance significative de la communication non verbale.

En tant que véritable femme en fin de la vingtaine, de la Toscane, en Italie, engagée dans une relation durable, Je dois avouer que mes chances d'essayer le test de l'homme ou de femme de caverne sont révolues depuis longtemps... Au moins avec d'autres hommes. Je n'ai pas rencontré mon partenaire actuel par le biais de rencontres en ligne, mais d'une manière similaire : il n'y'avait aucun logiciel, mais notre première rencontre était arrangée.

En raison de mon état civil et de la manière dont j'ai connu mon compagnon, je pense pouvoir offrir une perspective différente : Comment évoluent nos instincts les plus bas au cours d'une relation décennale et monogame ? Comment traitons-nous les signaux non verbaux ? Est-ce que nous pouvons les reconnaître instantanément chez notre partenaire ?

Aussi important que soit la recherche de la concordance «chimique», il est essentiel d'apprendre à maintenir cette chimie en comprenant les besoins de l'autre moitié. Selon mon expérience, le déblocage de signaux non verbaux (en particulier ceux liés à un intérêt mutuel romantique et sexuel) fait partie du plaisir.

Les souvenirs les plus doux des premières rencontres avec mon partenaire sont liés à un câlin timide, à un baiser volé ou à une touche inattendue. La tension créée par l'incertitude («Ressent-il ce que je ressens ? Cette relation fonctionnera-t-elle ?») était paradoxalement excitante.

J'étais ravie de rassembler ces signaux non verbaux et de les interpréter. Il est facile de supposer que lorsque le mystère disparaît, le processus devient moins passionnant. Mais en vérité, je dirais que ce n'est pas le cas. Bien sûr, c'est différent, mais pas ennuyeux du tout : c'est vraiment du travail !

Bien que le test de l'homme ou de femme de caverne ne soit pas conçu pour une relation durable qui existe déjà (les trois conditions préalables sont bien trop présentes), nous ne devrions pas le tenir pour acquis. Nous en savons tellement sur notre partenaire que nous pouvons cesser de lire les signes. Pour cette raison, je pense que non seulement toute personne rencontrant un partenaire potentiel par le biais de rencontres en ligne, mais aussi les couples de longue date qui pourraient ou non connaître une chute, pourraient bénéficier du test décrit par André. Ou toute autre approche similaire pour comprendre la communication non verbale.

Dans un monde rempli de mots, d'images et d'informations, nous avons tendance à oublier notre nature et nos instincts. Les sites de rencontres en ligne pourraient présenter un moyen rationnel de trouver le véritable amour : l'un basé sur un modèle correspondant. Mais la vraie vie est pleine de nuances et la chimie est une partie du jeu qui ne peut être prédite par un algorithme.

De même, les personnes impliquées dans une relation de longue date peuvent avoir tendance à donner de l'importance à d'autres choses, comme les enfants ou le travail, et penser qu'il serait impossible de revenir à cette sorte d'innocence quand le partenaire était encore plein de mystère et de magie.

À mon avis, donner de l'importance à la communication non verbale (surtout en ce qui concerne la libido) pourrait vraiment faire la différence, à la fois pour les nouveaux partenaires et pour les partenaires de longue date.

Le point de vue de Vanessa sur le 4ème chapitre : Les termes littéraux pour devenir physique.

Je suis une jeune dame anglaise de Lancaster, en Grande-Bretagne, qui a de l'expérience dans ce domaine. Je vous exhorte à me croire sur cette question. Pourquoi ? Parce que je suis là depuis environ vingt-six ans (comme si j'étais si âgée, n'est-ce pas ?).

Je vais vous expliquer cela graduellement. J'ai besoin que vous imaginiez le personnage Wolverine dans un état calme. Je sais que vous voyez tous ses énormes et mignons attributs. Maintenant, laissez-moi vous emmener plus loin pour imaginer son état de furie, où il libère le « loup aux griffes terribles » que Marvel voulait vous montrer (au cas où le nom ne toucherait pas une corde sensible).

La plupart d'entre nous avons ce personnage de Wolverine caché quelque part, attendant le bon moment pour se dévoiler. Cela nous aidera à illustrer les instincts de « l'homme et la femme des cavernes ». Quand un homme est physiquement attiré par une dame ou vice versa, vous ne vous approchez pas simplement de la personne et dites « Booga ! Booga ! » (comme le personnage de dessin animé de l'homme des cavernes). Je t'aime tellement.... Viens avec moi. » Je suis sûr que ce genre d'approche vous donnerait un crâne remodelé à partir de bouteilles brisées.

Le mot « homme et femmes des cavernes » peut être trompeur, alors j'ai dû l'effacer. Mais l'approche est très différente dans les deux mondes. Nous commencerons par l'approche de l'homme des cavernes. Puisque les hommes sont émus par ce qu'ils voient, lorsqu'ils aperçoivent une femme attirante, ils essaient autant que possible de l'impressionner.

Quand ils constatent qu'ils ont attiré l'attention de la dame, ils commencent à émettre les rayons d'attraction et à surveiller son langage corporel. C'est une réponse à leur charisme et cela aide à déterminer la prochaine ligne d'action. Si tout se passe bien, vous verrez que la femme résiste, mais accepte. Nous pouvons avoir ce complexe, mais finalement, l'homme obtiendrait ce qu'il veut (ce qui est habituellement une gratification sexuelle).

Pour la femme des cavernes, je n'hésiterai pas à mentionner que les femmes sont naturellement stimulées par ce qu'elles entendent, alors elles utilisent le « pouvoir féminin » (ce qui implique l'utilisation de son corps) pour communiquer ses intentions. L'homme dit le mot qu'elle veut entendre spontanément, ce qui accélère le processus.

Mais cela ne peut se produire que si l'homme comprend parfaitement la mélodie sur laquelle la femme veut qu'il danse. De plus, dans une situation où l'homme est incapable de peindre l'image devant lui, la femme prendra le taureau par les cornes et dirigera les initiatives sexuelles, si elle choisit d'aller de l'avant.

Personnellement, mon point de vue sur tout cela en tant que femme est que cette approche a commencé il y a longtemps, et je l'adore, parce que vous parlez moins, mais vous obtenez tellement plus d'un homme qui vous intéresse. Sans aucun doute, l'approche a son bon et son mauvais côté, surtout dans les cas où vous endurez votre rendez-vous et que ce genre de situation survient.

Quoi qu'il en soit, il est important de noter qu'une fois que vous décidez de passer le « test de la femme des cavernes », vous devez vous soumettre à tous les aspects, quel que soit le résultat. Mais choisissez vos hommes avec soin. Par conséquent, mon conseil est d'en être sûre et de le laisser aller « un pas à la fois », en observant attentivement le sexe opposé. Vous arriverez au sommet du plus haut bâtiment en n'utilisant que l'escalier. Mesdames, faites confiance à vos sens de « femme des cavernes », et rien d'autre.

Le point de vue de Yaël sur le 4ème chapitre : Nous l'appelons « Tachles »

En tant que femme de 26 ans vivant à Tel-Aviv, je peux voir avec toute ma sagesse pourquoi André révèle la vérité éternelle : nous voulons être aimés. Un simple câlin en est l'essence, n'est-ce pas ? La chaleur des mains chaudes qui vous tiennent fermement, vous capturant avec intention, vous faisant sentir qu'il n'y a pas de place plus sûre que ce moment relaxant et réconfortant.

Cependant, pour les Israéliens, les tests sont un acte vicieux et faux. Ils sont ce que nous appelons : non « Tachles ».

Tachles, c'est comme dire « soyez francs avec moi » - et les Israéliens sont des créatures très honnêtes et franches. Ne confondez pas nos âmes avec toute la politique israélienne médiatisée. Nous n'aimons pas beaucoup être testés, et nous ne voulons pas non plus tester qui que ce soit. Nous dirons les choses telles qu'elles sont, sans les enrober de sucre. Cette règle générale nous suit dans les affaires, la famille, les amis et bien sûr, l'amour.

Permettez-moi de démontrer :

J'ai étudié le droit international avec beaucoup de gens venant d'un peu partout dans le monde, et les fréquentations en faisaient également partie. En conséquence, je suis sorti avec ce gars britannique. Nous avons décidé de nous rencontrer, mais un jour avant notre rendez-vous, il appelle et dit : « J'ai eu un empêchement et je ne pourrais peut-être pas venir. » Je n'ai pas compris ce que « pourrais » signifiait. Pourras-tu oui ou non ? Puis j'ai répondu : « Ok. Est-ce que 'pourrais' signifierait que tu ne viendras pas ? « Puis il a répondu : « Je ne viendrai peut-être pas ». Je me suis dit, à quoi ça rime ? Viendras-tu oui ou non ? Après avoir insisté pour qu'il donne une réponse claire et précise, il dit : « Non, je ne viendrai pas. »

Inutile de dire que je n'ai pas reporté. Tout ce à quoi je pensais, c'est : « Pourquoi ne pouvait-il pas simplement être 'Tachles' pour moi ? »

Je peux seulement imaginer à quel point il est difficile de sortir avec quelqu'un à plusieurs reprises, justes pour être poli.

Le test homme des cavernes/femme des cavernes d'André est logique. Comme nous sommes des créatures d'amour, c'est notre nature de désirer le sens du toucher. Ne vous méprenez pas - j'adore les câlins ! Cependant, je ne voudrais pas être testée, ni tester quelqu'un, si ce n'est pas motivé par des sentiments sincères.

Pour moi, les trois conditions préalables sont cruciales pour le test homme des cavernes/femme des cavernes et j'ajouterais ce qui suit :

Vous devez vraiment et profondément sentir que vous voulez embrasser la personne devant vous, si profondément que vous le feriez inconsciemment.

Suis-je en train d'exagérer ? Suis-je naïve ? Je pourrais l'être. Quant à moi, l'honnêteté est sacrée dans l'amour. L'un ne peut exister sans l'autre et nous le construisons pas à pas dès le premier instant. Je voudrais que tu sois « Tachles » avec moi toute la journée et toute la nuit, à chaque instant, pour le reste de nos vies.

Le point de vue de Megan sur le 4ème chapitre : La simplicité du test de l'homme des cavernes

Quelques mots sur moi avant tout : j'ai vingt-quatre ans et je suis en deuxième année d'un programme de doctorat en microbiologie. Je suis domiciliée à Seattle, Washington.

Je dois dire que le test de l'homme ou de la femme des cavernes, quel que soit le sexe, est très attrayant. Elle s'appuie sur un ensemble de règles logiques basées sur les émotions et les réactions humaines. Dans cette ère des rencontres en ligne, il est parfois facile d'oublier les nuances des rencontres directes. Ce test est un bon rappel de ce qu'il faut garder à l'esprit lorsqu'on se lance dans le monde des rencontres.

D'après mes propres expériences, je peux vous dire que les avances physiques d'un homme qui m'intéresse par rapport à un homme que j'ai en aversion conduisent à des réponses corporelles très différentes. Comme le suggère ce test de l'homme ou de la femme des cavernes, il est très important d'être conscient du langage corporel de votre partenaire au fur et à mesure que vous avancez.

Une conclusion importante de ce test est que les gens transmettent une grande partie de leur dialogue interne par le langage corporel. En fait, j'irais même jusqu'à dire qu'il ne faut même pas faire le test de l'homme ou de la femme des cavernes si son partenaire présente déjà certaines des réactions négatives.

Alors que certains hommes pourraient dire : « Saisissez votre chance ! Qu'est-ce qui pourrait leur arriver de pire ? » je leur répondrais : « Pourquoi perdre du temps si vous connaissez déjà la réponse ? ». Cependant, si votre partenaire n'a pas montré de signes positifs ou négatifs avant le test, je pense que c'est une excellente façon de se jeter à l'eau.

En tant que personne qui n'aime pas (« ni n'a le temps pour ») les jeux de devinettes, je pense qu'il est également important de parler à votre partenaire des raisons pour lesquelles sa réaction a été négative (si elle l'a été). Peut-être qu'elle ne se sent pas bien, ou peut-être que vous l'avez accidentellement blessée d'une manière ou d'une autre, ou peut-être qu'elle n'est pas aussi attirée par vous que vous ne l'êtes par elle.

Évidemment, si la raison était l'une des deux premières que j'ai énumérées, vous ne devriez pas prendre sa réaction personnellement. Il y a encore une chance qu'elle s'intéresse à vous. Cependant, si vous ne demandez pas, vous ne le saurez jamais.

En conclusion, j'aime la simplicité du test de l'homme ou de la femme des cavernes. Il s'appuie sur la biologie humaine de base et permet aux gens d'évaluer rapidement comment se passe leur rendez-vous. Je pense que ce test pourrait être utile à la fois pour les hommes et les femmes, surtout maintenant que tant de rencontres se font en ligne. Mais, comme je l'ai dit dans le paragraphe ci-dessus, le langage corporel peut parfois être trompeur. Utilisez le test, mais n'ayez pas peur de parler des résultats à votre partenaire !

Les malentendus ne mènent jamais à de bons résultats.

Interlude 1

En règle générale, j'essaie de ne pas aller faire mes courses lorsque j'ai faim. Car, quand je le fais, j'achète des choses dont je n'ai pas besoin et, invariablement, je finis par trop manger. C'est loin d'être un problème que moi seul connait. C'est simplement la nature humaine. Je pense que cela fonctionne aussi avec les rencontres en ligne.

Dans ce cas-là, vous cherchez une relation – on peut dire que vous avez faim d'amour - et soudain, à portée de clic, il y a un tas de différentes variétés de visages et de profils. L'abondance des choix déclenche l'un de nos besoins les plus vitaux. Il n'est donc pas étonnant qu'en réponse, nous finissons par trop manger. C'était certainement comme ça que ça se passait pour moi.

Lorsque j'ai décidé de me lancer dans l'aventure des rencontres en ligne, la dernière chose à laquelle je m'attendais était de devenir obsédé par ce sujet. Mais c'est pourtant ce qui s'est passé et ma nouvelle obsession a commencé dès que je me mis sur ces sites.

Avant de finalement mettre mon profil en ligne, j'ai passé énormément de temps dans la rédaction de ce qui se révélait être une publicité idéalisée, avec pour but d'attirer, et dans le choix d'une photo susceptible de plaire. Je n'avais inventé aucun des détails de ma vie, et je ne me suis pas laissé aller au subterfuge consistant à utiliser une photo flatteuse datant de plusieurs années, mais j'ai passé d'innombrables heures à embellir les choses. Et une fois que je me suis lancé en ligne - en publiant mon profil - je me suis retrouvé à passer des périodes tout aussi longues à rechercher des partenaires potentielles.

Les possibilités de choix étaient sans fin. Cependant, avoir autant d'offres rendait le choix encore plus difficile à faire, et j'ai rapidement commencé à douter de chacun des choix que je faisais. La nature même du processus avait créé de fausses attentes et soutenu l'illusion grandissante, entièrement conçue par mon esprit, que je pouvais avoir tout ce que je pensais vouloir. C'était complètement addictif.

Dans le passé, les gens s'abordaient dans les bars ou proposaient à un collègue de sortir pour le déjeuner. Rencontrer des personnes en face permettait à notre sens intuitif d'être plus rapide et plus précis. Nous avions le temps de savoir si nous voulions aller plus loin car notre connaissance des gens venait de nos amis, collègues et membres de famille, et surtout du contact direct.

Mais les choix étaient tellement limités à cette époque !

Avec les rencontres en ligne, j'avais l'opportunité de rencontrer la personne de mes rêves dans le confort de ma maison. Lorsque je recevais un mail ou un « J'aime », je ressentais une légère satisfaction. La meilleure partie était que je pouvais converser avec une partenaire possible, voir si elle était mon type, et arrêter les choses à tout moment si les choses ne fonctionnaient pas. Pourquoi se plaindre ? Il est beaucoup plus facile de faire marche arrière quand on ne regarde pas la personne dans les yeux ou lorsque l'on n'entend pas la déception dans sa voix.

Le problème était que je n'arrêtais pas de me demander : « Qu'en est-il de toutes les femmes que je n'ai pas rencontrées » et « Est-ce que c'est aussi bon que ça ? ». Je sais que c'est mal de comparer les gens à de la nourriture, mais c'était comme si je regrettais de ne pas avoir gardé assez de place pour le plat principal après avoir mangé trop d'entrées. J'ai donc réalisé, environ deux semaines plus tard, que je violais ma propre règle. J'avais faim d'amour, j'étais affamé même, et je passais ma journée à faire mes courses en ligne.

Mon moment de clarté n'a pas duré, malheureusement. Les femmes commençaient à réagir à mon profil en ligne. Elles établissaient un contact et des lignes de communication s'ouvraient. J'étais sûr que j'étais sur le point de faire une percée ; que oui, effectivement, les rencontres en ligne pourraient bien s'avérer être le chemin de la félicité relationnelle.

J'étais, bien sûr, complètement bernée par une illusion, mon obsession m'envahissait.

Pour les hommes et les femmes, la mentalité du shopping est particulièrement efficace en ligne. Comment faire pour se frayer un chemin dans des allées remplies du même produit de différentes marques ? Mais l'approche shopping ne se traduit pas bien dans les interactions en face à face, en particulier s'il y a eu un échange de mails et de messages instantanés qui ne servent souvent qu'à aggraver les choses.

Ne vous méprenez pas. La communication entre deux partenaires potentiels est une bonne chose. Mais comme je m'apprêtais à l'apprendre, trop de choses peuvent fausser les attentes. Comme vous le constaterez bientôt, je suis tombé dans le piège de trop lire les messages reçus. Je ne connaissais pas les personnes à qui j'envoyais des « e-mails » ou des SMS, et elles non plus. À cause de cela, les mots que nous échangions étaient vides, dépourvus de l'émotion et de la nuance véritables qui ne peuvent être tirées que d'une interaction réelle en face à face. Pourtant, sur la base des mots seuls, j'ai commencé à penser que je connaissais les personnes de l'autre côté de l'écran.

C'était le comble de la folie. Vous pouvez penser que cela n'aurait jamais dû arriver. Mais rappelez-vous : la nature a horreur du vide et pour combler ce vide, j'ai fait ce que beaucoup d'entre nous font. J'ai inventé des personnages romantiques dans mon esprit, idéalisé des esquisses mentales des partenaires que je désirais. Pour aider à étoffer ces personnages, j'ai regardé les mots et les phrases contenus dans les mails et messages reçus de femmes auxquelles je m'intéressais et leur ai donné des significations compatibles avec les personnages fictifs que j'avais créés dans ma tête, et non avec la réalité de ces femmes que je ne connaissais pas.

On peut nommer cela une confirmation biaisée, de type virtuel - c'est la tendance à interpréter certaines preuves comme une confirmation de vos croyances ou théories existantes.

Cela semble un peu fou, mais ça ne l'est pas – loin de là même. Encore une fois, c'est juste le résultat de la nature humaine. Et, comme d'innombrables personnes si mal préparées au monde des rencontres virtuelles, j'ai couru aveuglément à travers une porte dorénavant marquée comme « Twilight Zone » et j'ai plongé droit dans la tanière du loup.

Alors, préparez-vous pour la deuxième partie dans laquelle j'explore la transition entre le virtuel et le réel.

www.ingramcontent.com/pod-product-compliance
Lightning Source LLC
Chambersburg PA
CBHW031923240526
45464CB00022B/646